AF469461

CATALOGUE SYSTÉMATIQUE

DE TOUS

LES COLÉOPTÈRES

DÉCRITS

DANS LES ANNALES DE LA SOCIÉTÉ ENTOMOLOGIQUE

DE FRANCE

DEPUIS 1832 JUSQU'À 1859

PAR

ALEXANDRE STRAUCH,

DOCTEUR EN MÉDECINE, MEMBRE-FONDATEUR DE LA SOCIÉTÉ ENTOMOLOGIQUE
DE ST. PÉTERSBOURG,
MEMBRE DES SOCIÉTÉS ENTOMOLOGIQUES DE BERLIN ET DE FRANCE.

HALLE,

H. W. SCHMIDT, LIBRAIRE-ÉDITEUR.

1861.

PRÉFACE.

Dans l'ouvrage suivant je présente à Messieurs les Coléoptérologistes un complet catalogue systématique de tous les genres et de toutes les espèces des Coléoptères, décrits dans les 28 volumes, parus jusqu'à présent, des Annales de la société entomologique de France : il pourrait servir comme index général coléoptérologique et il facilitera puissamment la recherche des nombreuses déscriptions détachées et dispersées dans les différents volumes.

Ce catalogue contient non seulement les genres, les sous-genres, les espèces et les variétés complètement caractérisés, mais aussi tous ceux, dont n'existent que des diagnoses provisoires ou desquels il n'a été donné qu'une déscription superficielle, qui suffit à peu près à une détermination. Tous les autres renseignements, sans importance pour mon but, y manquent naturellement, comme p. ex. les notices sur les insectes nouveaux pour la faune française, les énumérations des chasses entomologiques, les monstruosités etc. De même je n'ai pas compris dans mon ouvrage les larves et les chrysalides qui, pour la plupart, sont traitées dans le catalogue des MM. Chapuis et Candèze (Mémoires de la société royale de Liège, vol. VIII).

Quant aux synonymes je n'ai indiqué que ceux que j'ai trouvés, séparés de la déscription de l'animal en question, en les citant dans les notes, ajoutés à mon catalogue. Une allégation complète de la synonymie m'était impossible, parce qu'alors je n'aurais pu suivre l'ordre alphabétique des espèces, le seul qui me paraissait convenable. Les remarques synonymiques sur certaines familles et genres, que j'ai trouvées, p. ex. les notes de Mr. Reiche et de Mr. le docteur Schaum sur les Pectinicornes et les Lamellicornes de l'Handbuch der Entomologie de Mr. Burmeister, et quelques autres j'ai indiquées dans mes notes qui se rapportent aux familles et genres en question, sans analyser leur contenu, parce que la plupart des espèces, qu'on y traite, manquent dans mon ouvrage. Enfin j'allegue dans mes notes tout ce que j'ai trouvé de remarques, de changements des noms, de corrections et d'additions, qui ont rapport aux genres et espèces de mon catalogue.

L'application de l'ordre systématique pour les genres me paraissait plus convenable que l'ordre alphabétique, il est plus commode pour les entomologistes et en même temps il offre un coup d'oiel rapide sur tout ce qui se trouve de chaque famille décrit dans les Annales. Comme j'ai ajouté à mon travail une table alphabétique des familles, genres et sous-genres, je crois avoir suffi même à ceux qui préféreraient un arrangement complètement alphabétique. J'ai suivi naturellement le système que Mr. Lacordaire a donné dans son excellent ouvrage „Genera des Coleoptères" et seulement pour la famille des Histériens j'ai adopté le système de Mr. l'Abbé de Marseul (année 1857 p. 467—516). Les espèces sont citées toujours sous le nom générique, sous lequel l'auteur les a décrites et il est dans la nature de mon ouvrage, que je n'ai pu prendre égard à ce que le genre est reconnu ou non par Mr. Lacordaire et que je n'y ai pu ajouter d'autres remarques, que celles qui se trouvent dans les Annales. Comme malheureusement l'ouvrage de Mr. Lacordaire n'est pas encore fini, j'étais forcé de ranger les Curculionides d'après le catalogue de Mr. Jekel et le reste (quelques Xylophages, auxquelles j'ai conservé l'ancien nom de Latreille, les Longicornes, les Chrysomélines et les Coccinellides) d'après le catalogue de Mr. le comte de Dejean, en intercalant toujours les genres nouvellement découverts. Pour les Longicornes je ne pouvais pas adopter pour guide le catalogue du british Museum, parce qu'il n'est pas encore complet non plus

L'indication de l'habitation que j'ai généralisé quelquefois pour profiter de la place, ne sera pas inutile, car tous ceux qui veulent déterminer des insectes d'un certain pays, trouveront par cet arrangement plus facilement les déscriptions, dont ils ont besoin. L'indication des figures ne sera pas moins propre, j'espère, à mon but, parce que dans des mémoires plus longues l'explication des planches est mise ordinairement à la fin de l'ouvrage, tandis qu'elle se trouve ici placé à côté des genres et des espèces en question.

Quant à l'arrangement du catalogue, le premier numéro, composé de 4 (resp. 2) chiffres, indique l'année, le suivant la page; les chiffres romains se rapportent au bulletin, ainsi que les chiffres arabes devant lesquelles se trouve placé un B. Ces derniers furent écrits dans le manuscript en chiffres romains, mais j'étais forcé de les changer en chiffres arabes, parce que les chiffres romains auraient occupé trop de place pour être rangé dans la colonne, qui indique la page; pour le distinguer des autres chiffres arabes j'ai mis un B à leur tête.

Au sujet des planches du travail sur les Histériens de Mr. de Marseul je suis obligé de faire encore une remarque. Mr. l'Abbé a numéroté sur ses planches chaque genre des chiffres romains et il commence les numéros des espèces dans chaque genre toujours par „un", de manière qu'on trouve sur la même planche plusieures figures portant le même numéro. Pour cette raison j'etais forcé de donner outre le numéro de la planche et de la figure encore le numéro du genre et par manque de place j'ai changé ces derniers numéros que l'auteur donne en chiffres romains, en chiffres arabes; dans les planches qui représentent les espèces d'un seul genre, j'ai omis ces numéros susdits.

Dans la table alphabétique enfin je faisais imprimer en italique les noms des genres qui ne se trouvent que dans les notes.

L'année 1860 des Annales manque dans mon ouvrage, parce qu'elle n'est pas encore parue complètement.

Berlin, le 3. Avril, 1861.

A. Strauch
de St Pétersbourg.

I. Cicindelètes.

Amblycheila. Say. 1839, 558.			
cylindriformis. Say.	Mont. rocheuses.	1838	302
Piccolominii Dupont. (pl. XIX. f. 1—6)	Nouv. Californie.	39	560
Omus. Eschsch. 1832, 386 et 1838, 298.			
Audouinii Reiche (pl. X. f. 2.)	Amerique sept.	38	300
californicus. Eschsch.	Californie.	32	387
idem (pl. X. f. 3.)	idem.	38	301
Dejeanii Reiche (pl. X. f. 1.)	Amerique sept.	—	299
Agrius. Chevrol. 1854, 665. [1])			
fallaciosus. Chevrol. (pl. XIX. n. I.)	Detr. d. Magell.	54	666
Dromochorus. Guérin. 1845, XCV.			
Pilatei Guérin.	Texas.	45	B. 96
Megacephala. Latr.			
Lacordairei Gory.	Cayenne.	33	171
Callidema. Guérin. 1843, IX.			
Eurymorpha. Hope. 1856, 93.			
cyanipes Hope.	Madagascar ?	56	94
Mouffleti Fairm.	Benguela.	—	95
Cicindela. L.			
Audouinii Barthelemy (pl. XVII A.f.1.) [2])	Barbarie.	35	597
idem.	idem.	53	646

---

[1]) Mr. Chevrolat place ce genre entre Nebria et Metrius, mais Mr. Dr. Schaum dit (1857 p. LXXIX.) que cet insecte est synonym de Pionodrile magellanica Motsch. et qu'il doit être rapproché du genre Omus.

[2]) Sur cette espèce Mr. Dupont a fondé son genre Laphyra. Selon Mr. Reiche (1854, p. LVI.) la C. Ritchii Vigors est le même insecte, que ceci et la C. Ritchii (Vigors) Lucas, décrite par Mr. Ghiliani (v. N. 4.) est la C. Pelletieri de Cast. Mr. Ghiliani repond a cette remarque 1835 p. XII. La decision d'une commission, qui était formé, pour analyser cette question, se trouve 1855 p. XXIII. Voyez aussi les remarques de Mr. Guérin (1855 p. XLIX.) et de Mr. Truqui (1855 p. L.).

Brunet. Buq.	Sénégal.	1833	173
campestris Auct.	Europe.	47	311
var. affinis Boeber.	Sibérie.	—	—
— farellensis Graëlls. pl. IV. n. II f. 2.)	Mont. Farellen.	—	—
— guadarrama Graëlls. (pl. IV. n. II. f. 3.)	Guadarrame.	—	—
— maroccana. Fabr. (pl IV. n. II. f. 1.)	Espagne.	—	—
Cherubini. Chevrol. (pl. VIII. f. 1.)	Montevideo.	58	315
fallax. Coquerel. (pl. IX. f. 1.)	Madagascar.	52	359
figurata Chaud.	Des. d. Kirguises.	35	435
flammula Thoms. (pl. VIII. f. 7.) [3]	Mexique.	56	326
Guérin Gory.	Cayenne.	33	178
hispanica. Gory.	Espagne.	—	175
ismenia Buq.	Grèce.	—	174
Lacordairei Dej.	Cayenne.	—	172
leucostictica Fairm.	Tunis.	58	745
luctuosa Dej.	Tanger.	—	744
lugubris Dej. (pl, VII. f. 1, 2.)	Sénégal.	44	288
mixta Chaud.	C. d. bon. Espér.	35	436
neglecta. Dej.	Algérie.	58	745
propinqua. Chaud.	Russie orient.	35	434
quadraticollis. Chaud.	Madagascar.	—	436
Ritchii Vigors. [4] v. n. [2]	Algérie.	53	646
Rouxii Barthelemy. (pl. XVII A. f. 2.)	Syrie.	35	600
saphyrina. Géné.	Sardaigne.	36	B. 2
sobrina. Gory.	Italie.	33	176
syriaca. Trobert.	Syrie.	44	B. 36
Truquii Guérin.	Barbarie.	55	B. 50
varians. Gory.	Cayenne.	33	171
venustula. Gory.	idem.	—	177
vidua. Gory.	C. d. bon. Esper.	—	174
Walkeriana Thoms.	Costa Rica.	56	331

Odontocheila. de Cast.

egregia. Chaud.	Brésil.	35	433

Bostrichophorus. Thoms. 1856, 331.

Dromica. Dej.

gigantea. Melly. (pl. VII. f. 3.)	Port Natal.	44	289

Prodotes. Thoms. 1856, 332.

Colliuris. Latr.

ortygia. Buq.	Java.	35	604

---

[3] Selon Mr. Chevrolat (1856 p. CV.) c'est la C. luteo-signata Chevrol. Mr. Thomson repond a cette remarque 1856 p. CVI et Mr. Chevrolat replique à Mr. Thomson 1854 p. XLVII.

II. Carabiques.

Omophron. Latr.
capense. Gory.	C. d. bon. Esper.	1833	212

Notiophilus. Duméril.
punctulatus. Wesmael.	Bruxelles.	35	B. 38

Elaphrus. Fabr.
luridus. Duft. [5])	Allemagne.	52	219
pyrenaeus. Motsch. [6])	Pyrenées.	50	B. 67

Nebria. Latr.
arenaria. Fabr. var.	France.	53	B. 4
crenatostriata. Bonelli. (pl. XI. f. 3.)	Mont Rose.	34	464
fulviventris. Bassi. (pl. XI. f. 2.)	M. Appenins.	—	463
Hemprichii Klug.	Jerusalem. Jourd.	55	563
Lareynii. Fairm.	Corse.	59	269

Leistus. Froehlich.
abdominalis. Reiche et Saulcy.	Jerusal. Naplouse.	55	564
afer. Coquerel.	Algérie.	58	746
crenatus. Fairm.	Sicile.	55	307

Procrustes. Bonelli.
Duponchelii Barthelemy. (pl. VIII. f. 13.)	Egypte.	37	245
impressus. Klug.	Jerusal. Beyrouth.	55	566
Mopsucrenae. Peyron.	Caramanie.	58	357
pisidicus. Peyron. [7])	idem.	54	669
punctulatus. Reiche et Saulcy.	Iles Cyclades.	55	565

Carabus L. v. n. [7])
Adonis Hampe. (pl. IX. f. 1.)	M. Parnasse.	56	336
alternans. Baudet.	Barbarie Corse.	35	118
Aumontii Lucas. ♂	Oran.	49	B. 92
idem. ♀	Tanger.	57	B. 156
idem.	Oran Tanger.	58	747
auratus. Fabr.			
var. Honoratii Banon.	France.	47	B. 40
— Lasserei Dupont.	Tours.	55	B. 86
baeticus. Deyrolle. (pl. VI. f. 4.)	Espagne mer.	52	247
Bayardi Solier.	Naples.	35	117
brevis. Dej. ♂	Espagne.	47	448
cantabricus. Ramb. (pl. VI. f. 1.)	Espagne sept.	52	243
Carcel. de Cast.	Smyrne.	33	211

---

[5]) Cette espèce est un Bembidium.

[6]) D'après Mr. Dr. Laboulbène (1850 p. LXVII.) c'est une variété d'El. uliginosus Fabr.

[7]) Mr. Peyron dit 1858 p. 355, que ce Procrustes est une variété du Carabus graecus Brullé et compare ces deux insectes.

Christoforii Spence. (pl. VII A.) [8]	Hautes Pyrenées.	1833	500
coelestis. Tatum. (pl. VII. n. I.)	Chine sept.	55	75
cychrocephalus. Fairm. [9]	Maroc.	57	B.157
idem. (pl. XVI. f. 2.)	Tanger.	58	748
cychropalpus. Reiche. (pl. IX. f. I.)	Caramanie.	—	356
depressus. Bonelli. var.	Mont Viso.	47	125
Deyrollei Gory. (pl. V. f. 4.)	Espagne sept.	52	241
Egesippii de Laferté.	Portugal.	47	450
idem. (pl. VI. f. 2.)	Oporto.	52	243
Elysii Thoms. (pl. IX. f. 2, 4.) [10]	Chine bor.	56	337
errans. Gory. (pl. V. f. 2.)	Espagne sept.	52	239
Favieri Fairm. [11]	Tanger.	58	748
fiducarius. Thoms. (pl. IX. f. 3.)	Chine bor.	56	338
gallaecianus. Chevrol. (pl. V. f. 6.)	Galice.	52	251
Ghilianii. de Laferté (1852. pl. VI. f. 5.)	Espagne.	47	447
glacialis. Gautier des Cottes.	Suisse.	59	B.210
guadarramus. de Laferté. (1852. pl.V.f.1.)	Nouv. Castille.	47	445
Lafossei. Feisthamel. (pl. II. n. I.)	Chine.	45	103
lateralis. Chevrol. (pl. V. f. 5.)	Galice.	52	250
lotharingicus. Dej. var.	Provence.	59	B. 6
Lucasii. Gaubil. (pl. VI. f. 6.)	Algérie.	52	247
Luczoti. de Cast.	Espagne.	32	393
Maillei. Solier.	Barbarie.	35	114
idem.	Oran.	58	748
melancholicus. Fabr. var. [11a]	Tanger.	—	B. 4
numida de Cast. [12]	Maroc.	—	748
Olympiae. Sella.	Appenins.	55	B.86
Prevost. Gory.	Sibérie.	33	210
rugosus. Fabr. (pl. VI. f. 3.)	Maroc.	52	247
smaragdinus. Fisch. (pl. IX. f. 5.) [13]	Sibérie.	56	
Steuarti Deyroll. (pl. V. f. 3.)	Oporto.	52	240

---

[8] D'après Mr. Lefevre (Errata 1833) la patrie de cet insecte sont les Hautes Alpes.

[9] Mr. de Chaudoir annonce 1859 p. CLIV que ce Carabus est le Calosoma asperatum Dej., et que l'exemplaire de Mr. Dejean avait la tête d'une Pimelia. Mr. Reiche repète cette remarque 1859 p. 638 et dit, que le nom de Mr. Dejean doit être préferé.

[10] Mr. Thomson cite comme synonyme le C. coelestis Tatum in litt.

[11] l. c. est imprimé C. Lucasii Deyrolle, mais Mr. Fairmaire change 1859 p. L. le nom, parce que cet insecte n'était pas le vrai C. Lucasii Deyrolle.

[11a] Voyez aussi 1858 p. 749.

[12] Ce carabe est synonyme de C. Varvasii Solier. Voyez l. c.

[13] Mr. Thomson donne de cette espèce seulement la figure d'une elytre et du thorax.

Thomsonii Fairm. (pl. XIV. n. I. f. 1.) [14]	Sicile.	1857	726
trabuccarius. Fairm. (pl. XIV. n. I. f. 2.)	Roussill. Catalogne.	—	727
Varvasii Solier.	Barbarie.	35	115
Whitei Deyroll.	Espagne.	52	249
Calosoma Weber.			
punctiventre. Reiche et Saulcy.	Morée.	55	567
Callisthenes Fischer.			
Reichei Guérin.	Perse.	42	B. 45
Cychrus. Fabr.			
cordicollis. Chaud.	Mont Rose.	35	442
Sphaeroderus Dej.			
niagariensis de Cast.	Chute de Niagara.	32	390
Teflus. Leach.			
Thomsonii Bertoloni. (pl. VIII. f. 2.)	Mozambique.	56	325
Casnonia. Latr.			
geniculata. Chevrol.	Brésil.	33	180
Ludoviciana. Sallé. (pl. VIII. f. 1.)	Louisiane.	49	297
maculicornis. Gory.	Cayenne.	33	180
4-maculata. Gory.	idem.	—	179
4-signata. de Cast.	idem.	32	387
transversalis. de Cast.	Sénégal.	—	388
Stenocheila. de Cast. 1836, 589.			
Salzmanni Solier. (pl. XVIII. f. 1—9.)	Bahia.	36	592
Odacantha. Fabr.			
senegalensis. de Cast.	Sénégal.	32	388
Leptotrachelus. Latr.			
suturalis. de Cast.	Cayenne.	32	389
Ctenotactyla. Dej.			
Drapiez. Gory.	Cayenne.	33	181
maculata. Gory.	idem.	—	182
tristis. Gory.	idem.	—	183
Drypta. Fabr.			
emarginata. Fabr. var.	Caramanie.	58	389
Galerita. Fabr.			
Lecontei. Dej. (pl. VIII. f. 2a.) [15]	Louisiane.	49	298
Zuphium. Latr.			
cilicum. Peyron. (pl. IX. f. 8.)	Caramanie.	58	389
Fleuriasi. Buq.	Sénégal.	33	184
Polystichus. Bonelli.			
Boyeri Solier.	Colombie.	35	111

---

[14] Mr. Fairmaire annonce 1859 p. CLIII, que Mr. de Chaudoir a re-connu dans cet insecte son C. planatus, qu'il a indiqué faussement comme habitant l'Amerique sept.

[15] Cette espèce est seulement figuré.

Dailodontus. Reiche. 1842, 337.

Diaphorus. Dej.

Leprieuri Buq.	Cayenne.	1835	605

Aenigma. Newm. 1842, 332.

Helluo. Bonelli. 1842, 331.

Agathyrnus Buq. [16])	Cayenne.	35	618
heros. Gory. [17])	Brésil.	33	197

Macrocheilus. Kirby 1842, 333.

Saulcyi Reiche. (pl. XXII. f. 5.)	Naplouse. Jourdain.	55	579

Acanthogenius. Reiche. 1842, 334.

scapularis. Dupont.	Sénégal.	42	343

Planetes M. Leay. 1842, 335.

Omphra Leach. 1842, 330.

complanata. Reiche.	Indes orient.	42	342

Helluomorpha. de Cast. 1842, 310. v. n. [16]) et [17])

melanaria. Reiche.	Brésil.	42	343

Pleuracanthus. Gray. 1842, 338.

Aptinus. Bon. 1833, 460. (1834. pl. XVI. f. 1—3.) [18])

angustatus. Dej.	Tanger.	58	750
longicornis. Fairm.	idem.	—	750
pygmaeus. Dej.	idem.	—	751

Pheropsophus. Sol. 1833, 461. (1834. pl. XVI. f. 4.) [18])

maculatus. Chaud.	Bahia.	35	440

Brachinus. Bon. 1833, 462. (1834. pl. XVI. f. 5—7.) [18])

aequinoctialis. Gory.	Carthagène.	33	202
berytensis. Reiche et Saulcy.	Beyrouth.	55	582
brasiliensis. Gory.	Brésil.	33	201
cinctus. Gory.	Sénégal.	—	198
galamensis. Buq.	idem.	—	200
Gory. Buq.	idem.	—	199
hebraicus. R. et S. (pl. XXII. f. 6.) [19])	Naplouse.	55	583
hispanus. Dej. var.	Tanger.	58	751

---

[16]) et [17]) Ces 2 espèces appartiennent selon Mr. Reiche 1842 p. 341 au genre Helluomorpha de Cast.

[18]) Voyez au sujet de ces 3 genres le mémoire de Mr. Solier 1834 p. 655, où se trouvent les explications des figures. Mr. Brullé donne aussi des remarques sur ces genres 1835 p. 621 et Mr. Solier lui repond 1836 p. 691.

[19]) Une remarque de Mr. Dr. Schaum 1857 p. LXXX et la reponse de Mr. Reiche 1857 p. CLXII.

Leprieur. Buq.	Sénégal.	1833	200
nitidulus. Muls.	Caramanie.	58	394
Riffaud. Gory.	Egypte.	33	195
Sichemita. Reiche et Saulcy.	Naplouse Jourdain.	55	581
Agra. Fabr.			
brunnipennis. Gory.	Cayenne.	33	185
Buqueti Gory.	Brésil.	—	184
Chevrolat Gory.	idem.	—	186
cynthia. Buq.	Cayenne.	35	608
Feisthamelii. Buq.	Brésil.	—	607
Leprieuri Buq.	Cayenne.	—	609
lycisca. Buq.	Brésil.	—	610
mexicana. Buq.	Mexique.	—	606
Calleida. Dej.			
aeneipennis. Buq.	Cayenne.	35	613
pallidipennis. Chaud.	Bahia.	—	437
plicaticollis. Buq.	Cayenne.	—	614
rufula. Gory.	Sénégal.	33	188
splendida. Gory.	Brésil.	—	189
Cymindis. Latr.			
carinulata. Fairm.	Alger.	58	752
cayennensis. Buq.	Cayenne.	35	611
confusa. Peyron.	Caramanie.	58	390
confusa. Fairm.	Tanger.	—	752
corrosa. Reiche et Saulcy. [20]	Damas.	55	570
etrusca. Bassi. (pl. XI. f. 1.)	Italie.	34	467
guadelupensis. Gory.	Guadeloupe.	33	186
Henonii Fairm.	Algérie.	59	B. 51
maculata. Gory.	Colombie.	33	187
Osiridis Peyron. [21]	Caïre.	56	720
pallida. Reiche et Saulcy.	Naplouse.	55	569
Servillei Solier.	Naples.	35	112
sinuata. Reiche et Saulcy.	Peloponèse.	55	571
suturalis. Dej.	Egypt. Alg. Mad. Canar.	58	751
tabida. Reiche et Saulcy.	Jourdain.	55	568
tutelina. Buq.	Sénégal.	35	612

Cymindoidea de Cast. 1832. 390.

Platytarus. Fairm. 1850, XVII.

---

[20] Selon Mr. Reiche 1858 p. 57 cette espèce est synonyme de C. adusta Redt. Mr. Peyron dit que la C. russipes Muls appartient aussi à cette espèce. V. 1858. p. 392.

[21] Une remarque de Mr. Dr. Schaum 1857 p. LXXX; la reponse de Mr. Peyron 1857 p. CX.

Orthotrichus. Peyron. 1856, 717.

cymindioides. Dej.[22])	Delta du Nil.	1856	719

Singilis Ramb.

soror. Ramb.	Andal. Oran. Tang.	58	753

Corsyra. Stéven. 1833, 460.

Dromius Bonelli.

capitalis Fairm.	France.	57	725
mutabilis Reiche et Saulcy.	Beyrouth. Egypte.	55	574
myrmidon Fairm.	Provence.	59	B.103
oblitus Boield.	France mer.	—	462
sacerdos. Peyron (pl. IX. f. 9.)	Caramanie.	58	393
Sturmii Géné	Sardaigne.	36	B. 2
tenér Coquerel	Oran.	58	753
virgatus. Reiche et Saulcy.	Jourdain.	55	575

Iscariotes. Reiche et Saulcy. 1855, 572.

hierichonticus. R. et S. (pl. XXII. f. 1.)	Jericho. Mer morte.	55	573

Lebia. Latr.

acutipennis. Buq.	Cayenne.	34	674
aenea. Buq.	id.	—	673
africana. Solier.	Barbarie.	35	114
arcuata. Reiche et Saulcy. (pl. XXII. f. 3.)	Naplouse.	55	577
2-notata. Buq.	Cayenne.	34	679
capensis. Chaud.	C. d. bonn. Esper.	35	439
chloroptera. Hoepfn.	Mexique.	—	437
coeca Gory.	Brésil.	33	192
coerulea. Buq.	Cayenne.	34	681
elegans. Gory.	id.	33	191
Gerardii Buq.	Constantine.	40	393
janthinipennis Buq.	Cayenne.	34	676
lepida. Audouin et Brullé (pl. XXII. f. 2.)	Smyrne.	55	576
nigromaculata Gory.	Carthagène.	33	192
nitidula. Buq.	Cayenne.	34	677
pallipes. Gory.	Carthagène.	33	193
poekiloptera. Lacord.	Cayenne.	34	675
4-signata. Buq.	id.	—	676
rufula. Buq.	id.	—	680
6-maculata. Buq.	id.	—	679
striaticollis. Chaud.	Bahia.	35	438
triangularis. Buq.	Cayenne.	34	678
triangulifera. Buq.	Sénégal.	35	615
Viard. Gory.	Brésil.	33	190

Tetragonoderus. Dej.

Bax. Gory.	Sénégal.	33	242
Leprieur Buq.	id.	—	244

---

[22]) C'est l'Anchomenus cymindioides Dej. v. l. c.

4-maculatus. Gory.	Sénégal.	1833	243
Plochionus. Dej. [23]			
Boisduval. Buq.	Sénégal.	33	189
Phloeozeteus. Peyron. 1856, 715. [24]			
Coptodera. Dej.			
flavosignata. Gory.	Sénégal.	33	193
massiliensis. Fairm.	Marseille.	49	419
nigripennis. Gory.	Cayenne.	33	195
plagiata. Reiche et Saulcy. (pl. XXII f. 4) [24]	Beyrouth.	55	578
rufescens. Buq.	Cayenne.	35	617
3-signata. Buq.	Sénégal.	—	616
velox. Lacord.	Cayenne.	33	195
viridipennis. Gory.	Java.	—	194
Eurydera. de Cast.			
flavicornis. Gory.	Madagascar.	33	203
mormolycoides. Coquerel. (pl. IX. f. 2.)	id.	52	360
spinosa. Gory.	id.	33	202
Catascopus. Kirby.			
depressus. Chaud.	Madagascar.	35	441
madagascariensis. Gory.	id.	33	205
4-signatus. de Cast.	Java.	32	392
rufipes. Buq.	Sénégal.	33	204
Drepanus. Illig. 1833, 460.			
Ozaena. Oliv.			
cyanoptera. Thoms. (pl. VIII. f. 7.) [25]	Mexique.	56	330
Trachelizus. Solier. 1836, 598.			
rufus, Solier (pl. XIX. f. 5—9.)	Brésil.	36	600
Siagona. Latr.			
longula. Reiche et Saulcy.	Syrie.	55	584
Aristus Zieg'. 1834, 660. (pl. XVII. f. 1—3.) [26]			
opacus. Erichs.	Alger.	58	755
perforatus. Reiche et Saulcy.	Naplouse.	55	589
Ditomus. Ziegl. 1834, 662. (pl. XVII. f. 4—9.) [26]			
S. g. Ditomus. Solier. 1834, 663.			
solitarius. Peyron.	Caramanie.	58	387

---

[23] Voyez une remarque sur l'habitat du Pl. Bonfilsii Dej. par Mr. Barthelemy 1834 p. 129.

[24] Ce genre est fondé sur la Coptod. plagiata R. et S. Mr. Reiche l'accepte 1858 p. 57 et fait encore quelques remarques 1859. p. CXLIV. Voyez aussi une remarque de Mr. Dr. Schaum 1859 p. CCLI. et la reponse de Mr. Reiche 1859 p. CCLVI.

[25] D'après Mr. Chevrolat (1856 p. CV.) c'est l'Ozaena cyanipennis Chevrol.

[26] Voyez les remarques sur ces 4 genres par Mr. Brullé 1835 p. 627 et la reponse de Mr. Solier 1836 p. 700.

S. g. Odontocarus. Solier. 1834, 662. [26]
bucidus. Reiche et Saulcy.	Naplouse. Anatol.	1855	585
Samson. Reiche et Saulcy. (pl. XXII. f. 7.)	Naplouse.	—	586

Carterus. Dej. [27]
femoralis. Coquerel.	Oran.	58	756
tomentosus. Dej. (pl. XVI. f. 1.)	Tanger.	—	755

Odogenius. Solier. 1834, 664. (pl. XVIII. f. 1—4.) [26]
barbarus. Solier (pl. XVIII. f. 5.)	Barbarie.	34	665
cribratus. Reiche et Saulcy.	Naplouse. Jourd.	55	588

Pachycarus. Sol. 1834, 666 (pl. XVIII. f. 6, 8—10.) [26]
aculeatus. Reiche et Saulcy.	I. Cyclades.	55	590
Chaudoirii. Reiche et Saulcy.	Athènes.	—	592
Latreillei. Solier (pl XVIII. f. 7.)	Smyrne.	34	667

Apotomus. Illig.
rufithorax. Pecchioli (pl. XVI. f. 6.)	Toscane.	37	445

Graphipterus. Latr. [28]
arcuatus. Gory.	C. de bonn. Esper.	33	206
obscurus. Hope.	Caffrérie.	—	207
3-vittatus. Gory. (pl. V. A. f. 2.)	C. d. bonn. Esper.	36	209
Westwoodii. Melly. (pl. VII. f. 6.)	Port Natal.	44	291

Anthia. Weber.
alveolata. Melly (pl. VII. f. 5.)	Port Natal.	44	293
costata. Gory. (pl. V. A. f. 1.)	C. d. bonn Esper.	36	210
Mellyi. Reiche (pl. VII. f. 4.)	Port Natal.	44	292

Catapiesis. Solier. 1836, 595.
nitida. Solier. (pl. XIX. f. 1—4.)	Brésil.	36	597

Scarites. Fabr.
compressus. Coquerel.	Algérie.	58	758
costulatus. Fairm.	Tanger.	—	757
Doguerau Gory.	C. d. bonn. Esper.	33	207
encephalus. Lucas.	Algérie.	58	B.178
Hope. Gory.	C. de bonn. Esper.	33	209

Camptodontus. Dej.
clivinoides. de Cast.	Cayenne.	32	393

Mesus. Chevrol. 1858, 318. [29]
rugatifrons. Chevrol. (pl. VIII. f. 2.)	Montevideo.	58	317

Clivina. Latr.
striatipennis. Gory.	Cayenne.	33	210

---

[27] Voyez une remarque de Mr. Reiche au sujet de ces 2 espèces 1859 p. 639.

[28] Mr. Guérin donne 1859 p. CCXXVI. une table analytique des Graphiptères, tachetés de blanc.

[29] Une notice de Mr. Putzeys sur ce genre se trouve 1859 p. CXXX.

subcylindrica. Peyron.	Caramanie.	1858	386

Brachygnathus. Perty. 1851, 215. [30])

Isotarsus, de Laferté. 1851, 217. [31]) v. n. [34])

amplicollis. Schaum.	Port Natal.	53	458
comptus. de Laferté.	N. Hollande.	51	220
cyaneus. Schaum.	Hong-Kong.	53	439
eximius. Sommer (pl. XI. n. I. f. 1.)	Mozambique.	52	653
guttiferus. Schaum.	Java.	53	437
insignis. Schaum. (pl. XIII. n. V.)	Brésil.	—	435
mandarinus. Schaum.	Hong-Kong.	—	436
morio. de Laferté.	Indes bor.	51	221
ruficrus. de Laferté.	Guinée.	—	221

S. g. Peronomerus. Schaum. 1853, 440.

fumatus. Schaum	Hong-Kong.	53	440
Thomae. Schaum.	I. St. Thomas.	—	441

Panagaeus. Latr. 1851, 223. [32])

armatus. de Cast. [33])	Cayenne.	32	391
myops. Gory.	Sénégal.	33	213
panamensis de Laferté	Panama.	51	223
regalis. Gory. [34])	Sénégal.	33	213
vicinus. Gory.	Brésil.	—	214

Coptia. Brullé. 1851, 225. v. n. [33])

Ceobius. Dej. 1851, 225.

Loricera. Latr. 1851, 226.

10-punctata. Eschsch.	Sitka.	51	226
Wollastonii. Javet.	Madère.	52	B. 23.

Dercylus. de Cast. 1832, 392 et 1851, 256.

ater. de Cast.	Brésil.	32	392
gibbosus. Dej,	Cayenne.	51	258
infernus. de Laferté.	Venezuela.	—	258
tenebricosus. Mus. brit.	Cayenne.	—	258

Aleptocerus. de Laferté. 1851, 236.

4-pustulatus. Schönh.	?	51	236

Vertagus. Dej. 1851, 233.

---

[30]) Remarques synonymiques sur les espèces de ce genre par Mr. Dr. Schaum 1853 p. 430.

[31]) Remarques synonymiques sur les espèces du genre Isotarsus par Mr. Dr. Schaum 1853 p. 431.

[32]) Une liste des Panagaeides decrits, qui manquent dans l'ouvrage de Mr. de Laferté, composée par Mr. Schaum se trouve 1853 p. 433.

[33]) C'est l'espèce typique du genre Coptia Brullé. (1851 p. 225.)

[34]) Cette espèce appartient selon Mr. de Laferté (1851 p. 220) au genre Isotarsus de Laf.

Ocybatus. de Laferté. 1851. 230. [35])

Reichei. Dej.	C. d. bonn. Esper.	1851	232

Homalolachnus. de Laferté. 1851,233. [36])

panagaeoides. Reiche.	Indes orient.	51	235

Barymorphus. de Laferté. 1851. 235.

concinnus. de Laferté.	Dekan.	51	236
planicornis. de Laferté.	Malabar.	—	236

Aeacus. de Laferté. 1851, 254.

carbonarius. Dej.	Sénégal.	51	254
stygius. de Laferté.	Guinée port.	—	255

Dilobochilus. de Laferté. 1851, 253. [37])

Westermanni. Dej.	Guinée port.	51	253

Epomis. Bonelli. 1851, 252.

capensis. Gory.	C. de bonn. Esper.	33	228
deplanatus. Reiche.	Sénégal.	51	252
Goryi. Gray.	id.	—	252
Karelinii. Mannerh.	Perse occid.	—	252
rugicollis. de Laferté.	Java.	—	253
senegalensis. Gory.	Sénégal.	33	229

Asporinus. de Laferté. 1851, 259.

licinoides. Perty.	Brésil.	51	260

Rhopalopalpus. de Laferté. 1851, 262.

poeciloides. de Laferté.	Nord-Ouest d. l'Inde.	51	262

Chlaenius. Bonelli. 1851, 238. v. n. [50])

aeneocephalus. Dej. var.	Caramanie.	58	362
algerinus. Gory.	Alger.	33	225
auricollis. Gory.	C. d. bonn. Esper.	—	224
Brunet. Buq.	Sénégal.	—	222
capensis. Gory.	C. d. bonn. Esper.	—	226
differens. Peyron.	Caramanie.	58	360
diffinis. Reiche.	Indes orient.	51	241
Douëi. Peyron.	Caramanie.	58	362
Ernest. Buq.	Sénégal.	33	219
Favieri. Lucas. [38])	Tanger.	58 B.	229
festivus. Fabr. var.	Caramanie.	—	359
gonioderus. de Laferté.	Guinée port.	51	241
Gory. Buq.	Sénégal.	33	222

---

[35]) l. c. est imprimé Ocydromus Dej. mais Mr. de Laferté change le nom, parce qu'il était déjà employé. (1851 p. 293.)

[36]) Par ce même motif Mr. de Laferté (1851 p. 293) change aussi le nom Omalotrichus de Laf. et

[37]) le nom Tomochilus de Laf. en ceux, qui sont indiqués ci-dessus.

[38]) Selon Mr. Fairmaire c'est le Chl. azureus Dej. (1859, p. L.); Mr. Lucas proteste contre cette opinion (1859, p. CLXXXI.) et dit que c'est le Chl. macrocerus Chaud.

Guérin. Gory.	Sénégal.	1833	217
Leprieur. Buq.	id.	—	223
Lucasii. Peyron (pl. IX. f. 2.)	Caramanie.	58	361
marginipennis. Gory.	C. de bonn. Esper.	33	227
Max. Gory.	Sénégal.	—	221
mirabilis. Buq.	id.	—	218
montanus. Lucas.	Algérie.	58	B.228
nigritus. Dej.	Sénégal.	51	251
ophonoides. Fairm. (pl. I. n. II. f. 1.)	N. Hollande.	43	11
opulentus. Dupont.	Sénégal.	33	216
palaestinus. R. et S. (pl XXII. f. 8.)	Jourdain.	55	595
porcatus. Gory.	Indes orient.	33	220
virescens. Chaud.	Chili.	35	443

Eurydactylus. de Laferté 1851, 255.

Glyptoderus. de Laferté 1851, 260.

aurolimbatus. Reiche.	Mexique.	51	261
Guerinii. de Laferté.	Bolivie.	—	261

Dinodes. Bonelli 1851, 264.

affinis. Klug.	C. de bonn. Esper.	51	265
agilis. Peyron.	Caramanie.	58	363
delicatulus. de Laferté.	I. de Crête.	51	265
fulvipes. Winth.	C. de bonn. Esper.	35	444
persicus. Mannerb.	Perse occid.	51	265
rufipes. Dej. var.	Tanger.	58	759

Amblygenius. de Laferté 1851, 263.

chlaenioides. de Laferté.	Nord-Ouest d. l'Inde.	51	263

Hololejus. de Laferté 1851, 274.

nitidulus. Dej.	Inde.	51	274

Hoplogenius. de Laferté 1851, 237.

Hoplolenus. de Laferté 1851, 266.

insignis de Laferté.	Guinée port.	51	267

Prionognathus. de Laferté 1851, 288.

Oodes, Bonelli 1851, 269.

aeneus. Buq.	Java.	51	270
aerugineus. Klug.	Orinoque.	—	272
agilis. Dej.	Colombie.	—	273
cayennensis. Buq.	Cayenne.	34	474
idem.	id.	51	272
femoralis. Chaud.	Cuba.	35	444
flavicrus. Dej.	Colombie.	51	273
fuscipes. Dej.	id.	—	273
Gory. Buq.	Sénégal.	33	229
humilis. de Laferté.	Mexique.	51	270
latus. Reiche.	Coromandel.	—	269
Leprieuri. Buq.	Cayenne.	34	473

Leprieuri. Buq.	Cayenne.	1851	272
leucodactylus. Chevrol.	N. Orleans.	—	273
mexicanus. Chevrol.	Mexique.	—	270
nigricornis. de Laferté.	Bolivie.	—	272
pallipes. Reiche.	Venezuela.	—	273
parallelus. de Laferté.	Indes sept.	—	271
politus. Gory. [39]	Sénégal.	33	230
Reichei. de Laferté.	N. Hollande.	51	271
robustus. Brullé.	Corientes.	—	270
rufipes. Gory.	Sénégal.	33	230
striatellus. Reiche.	Mexique.	51	272
stenocephalus. Chevrol.	N. Orleans.	—	271
subolivaceus. de Laferté	Indes sept.	51	271
tibialis. Reiche	Colombie.	—	273
Westermanni de Laferté	Indes orient.	—	271

Lonchosternus. de Laferté. 1851, 267. v. n. [39]

semistriatus Schoenh.	Guinée port.	51	268

Dicoelus Bonelli 1851, 275.

ambiguus. Dej.	Amerique sept.	51	277
Lecontei. Dej.	idem.	—	277
quadratus. Dej.	idem.	—	277
sculptilis Say.	idem.	—	277

Licinus Latr. 1851, 280.

aegyptiacus. Dej. [40]	Egypte.	51	283
agricola. Oliv. [40]	Europe orient.	—	282
angustus. Chevrol.	Portugal.	—	284
brevicollis. Dej. [40]	Sardaigne.	—	283
granulatus. Dej. [40]	Espagne. Portug.	—	282
hierichonticus. Reiche et Saulcy.	Jourdain.	55	594
siculus. Dej. [40]	Sicile.	51	283
silphoides. Fabr. [40]	Toscane. Russ. m.	—	282

Rembus Latr. 1851, 278.

aegyptiacus. Klug. var.	Caramanie.	58	358
capensis. Reiche	C. d. bonn. Esper.	51	279
cordicollis de Laferté	Indes bor.	—	279
distinguendus de Laferté	idem.	—	278
politus. Fabr.	Java.	—	278
quadricollis de Laferté	Indes orient.	—	279
subpunctatus de Laferté	idem.	—	278

---

[39]) Selon Mr. de Laferté (1851 p. 268) c'est l'Oodes Spinolae Buq. et appartient au genre Lonchosternus de Laf.

[40]) Mr. de Laferté donne 1851 p. 281 et 282 les diagnoses des ces 6 espèces et ajoute (p. 283) le L. granulatus Dej. comme variété au L. silphoides Fabr. et le L. siculus Dej. au L. brevicollis Dej.

Badister. Bon. 1851, 285.

iridescens. de Laferté.	Madagascar.	1851	286
seriepunctatus. Peyron.	Caramanie.	58	359

Broscus Panzer.

politus. Dej. var.	Alger.	52	B.14

Baripus. Dej.

aterrimus. Chaud.	Chili.	35	445

Amblygnathus. Dej.

niger Gory.	Brésil.	33	236

Orthogonius. Dej.

malabariensis. Gory.	Malabar.	33	196

Rhagodactylus. Dej. 1835, 431.

brasiliensis. Chaud. (pl. X B. f. 2.)	Brésil.	35	431

Gynandromorphus. Dej.

etruscus. Quensel. var.	Caramanie.	58	385

Gynandrotarsus. de Laferté 1841, 202.

harpaloides. de Laferté (pl. IV n. III)	Texas.	41	203

Acinopus. Ziegl.

cylindraceus. Fairm.	Algérie.	59	B. 51
grossator. Coquerel	Oran.	58	760
laevipennis. Fairm.	Algérie.	59	B. 51

Bradybaenus. Dej.

cayennensis de Cast.	Cayenne.	32	395

Bradycellus. Erichs.

puncticollis. Coquerel	Oran.	58	761

Harpallus. Latr.

ambiguus. Dej.	Laon.	53	B. 30
caiphus. Reiche et Saulcy.	Naplouse Jourd.	55	630
Froehlichii. Dej.	Laon.	53	B. 30
Gory. Boisd.	N. Hollande.	33	241
Janus. Fairm.	Pyrenées.	56	524
Lethierryi Reiche.	Algérie.	59	640
pharisaeus Reiche et Saulcy.	Jerusalem.	55	632
pygmaeus. Dej. var.	Syrie.	—	633

Ophonus. Ziegl.

cribratus. Peyron.	Caramanie.	58	382
cribrellus. Reiche et Saulcy.	Damas.	55	629
fallax. Peyron.	Constantinople.	58	384
laminatus. Fairm. [1].	Tanger.	—	763
Langloisii. Peyron. (pl. IX. f. 7.)	Caramanie.	—	381
villosulus. Reiche.	Espagne. Oran.	59	641
violaceus. Reiche et Saulcy.	Beyrouth Sic. Asie m.	55	628

[1]) D'après Mr. Reiche 1859 p. 640 cette espèce est synonyme d'Opho-nus quadricollis Dej.

Selenophorus. Dej.

confusus. Gory.	Senégal.	1833	237
cupreus. Gory.	idem.	—	238
cupripennis. Gory.	Cayenne.	—	239
fulvipes. Gory.	Senégal.	—	237
glebalis Coquerel.	Oran.	58	762
piceus. Dej.	Algérie.	—	763

Hypolithus. Dej.

javanus. Gory.	Java.	33	241
vicinus. Gory.	Cayenne.	—	240

Orthogenium. Chaud. 1835, 432.

femorale. Chaud. (pl. X. B. f. 3.)	St. Domingue.	35	433

Stenolophus. Megerle.

grandis. Peyron.	Caramanie.	58	380

Dyschromus. Chaud. 1835, 429.

opacus. Chaud. (pl. X. B. f. 1.)	?	35	430

Drimostoma. Dej.

4-pustulatum. Peyron. (pl. IX. f. 4.)	Caramanie.	58	371

Feronia. Latr.

S. g. Poecilus. Bonelli.

aeraria. Coquerel	Algérie.	58	766
Bonvoisinii. Reiche et Saulcy.	Jourdain.	55	608
cupripennis. Fairm.	Tanger.	52	70
idem.	idem.	58	764
cruticollis. Peyron.	Caramanie.	—	375
cyanella. Reiche et Saulcy.	Jerusalem. Jourd.	55	606
cyaneus. Chevrol.	Alger.	33	234
glabrata. Dahl. var.	Caramanie.	58	374
lossinianus. Fairm.	Italie.	59B.	216
murex. Coquerel.	Algérie.	58	765
Reicheana. Peyron. (pl. IX. f. 5.)	Caramanie.	—	372

S. g. Argutor. Megerle.

aquila. Coquerel.	Algérie.	58	768
berytensis. Reiche et Saulcy.	Beyrouth.	55	618
graeca. Reiche et Saulcy.	Athènes.	—	612
inepta. Coquerel.	Constantine.	58	767
languida. Reiche et Saulcy.	Jourd. Mer morte.	55	610
longula. Reiche et Saulcy.	Beyrouth.	—	616
minuta. Reiche et Saulcy.	Peloponèse.	—	614
modica. Coquerel.	Algérie.	58	770
neapolitana. Reiche.	Naples.	55	615
niceensis. Fairm.	Alpes marit.	56	518
planata. Peyron.	Caramanie.	58	376
praelonga. Reiche et Saulcy.	Jourdain.	55	619
punctigera. Reiche et Saulcy.	idem.	—	611
rectangula. Fairm.	Algérie.	59 B.	51

---

[42]) D'après Mr. G. des Cottes cette espèce appartient au S. g. Steropus Meg. (1859 p. CCXI).

ovalis. Fairm.	Algérie.	1858	775
rotundipennis. Fairm.	idem.	—	773
semipunctatus. Fairm.	idem.	—	773
tumidus. R. et S. (pl. XXII. f. 10).	Grèce.	55	623
Amara. Bonelli.			
Barnevillei. Fairm	France.	56	521
Cottyi. Coquerel.	Oran.	58	777
fervida. Coquerel.	idem.	—	776
interstitialis. Fairm.	Sicile.	56	523
tricuspidata. Dej. var.	Damas.	55	628
valida. Fairm.	?	59	21
S. g. Percosia. Zimmerm.			
Reichei. Coquerel.	Constantine.	58	775
S. g. Leirus. Zimmerm.			
solata. Coquerel.	Oran.	58	778
Sphodrus. Clairv.			
algerinus. Gory. [43]).	Afrique sept. Ital.	59	22
atrocyaneus. Fairm.	Sicile.	—	24
australis. Reiche.	France mer.	—	23
Deneveui. Fairm.	Tanger.	58	779
latebricola. Fairm.	Mont. noire.	59	23
Pristonychus. Dej.			
algerinus. Gory. v. n.[43]).	Alger.	33	232
chilensis. Gory.	Chili.	—	232
hypogeus. Fairm.	Basses Pyrenées.	56	517
Jacquelinii. Boield. (pl. VIII. f. 1).	Pyrenées orient.	59	461
mauritanicus. Dej.	Tanger.	58	780
melittensis. Fairm. [44]).	Malte.	55	308
nigratus. R. et S. pl. XXII. f. 9.) [45]).	Beyrouth.	...	599
parallelocollis Reiche et Saulcy.	idem.	—	596
parviceps. Fairm.	Corse	59	270
planicollis. Chevrol.	Beyrouth.	55	597
punctatostriatus. Fairm.	Tanger.	58	780
Calathus. Bonelli.			
Solieri. Bassi. (pl. XI f. 4.)	Sicile. Barbarie.	34	466
Dolichus. Bonelli.			
rufus. Gory.	C. d. bonn. Esper.	33	231
Dicrochilus. Guérin. 1846, CIII.			
Anchomenus. Bonelli. v. n. [42]).			
algericus. Buq.	Algérie.	58	781

---

[43]) C'est le même insecte, que le Priston. algerinus Gory.

[44]) Selon Mr. Schaum (1858 p. 58) c'est le Sphodrus picicornis Dej.

[45]) l. c. est imprimé nigritus, mais Mr. Reiche change (1858 p. 58) ce nom en nigratus.

antennatus. Gaut. des Cottes.	Espagne. Sicile.	1859	B.210
approximatus. Reiche et Saulcy.	Beyrouth.	55	601
cayennensis. Buq.	Cayenne.	35	619
infuscatus. Reiche et Saulcy.	Naplouse. Jourd.	55	600
ruficollis. Gaut. des Cottes.	Provence.	57	B.135
Platynus. Bonelli.			
erythrocephalus. Peiroleri (pl. XI. f. 5.)	Mont Viso.	34	469
Peyrolerii. Géné (pl. XI. f. 6.)	idem.	—	470
Agonum. Bonelli.			
fulgidicolle. Erichs.	Barbarie.	58	781
Olisthopus. Dej.			
interstitialis. Coquerel.	Oran.	58	781
minor. Reiche et Saulcy.	Grèce. Syrie.	55	605
orientalis. Reiche et Saulcy. [46]).	Grèce.	—	603
Ctenognathus. Fairm. 1843, 13.			
Novae Zelandiae. Fairm. (pl.I. n.II. f.2-6.)	N. Zelande.	43	12
Cardiomera. Bassi. 1834, 320.			
Généi. Bassi. (pl. III. B.)	Palerme.	34	324
Dyscolus. Dej.			
anchomenoides Chaud. v. n. [48]).	Mexique.	35	440
Onypterygia. Chevrol.			
Faminii Solier.	Mexique.	35	113
Colpodes. M. Leay. 1859, 289. [47])			
amoenus. Chaud.	Bengale.	59	326
anchomenoides. Chaud. [48]).	Mexique.	—	310
aphaedrus. Chaud.	idem.	—	321
ater. Chaud.	Vera Cruz.	—	358
atramentarius. Reiche.	N. Grenade.	—	305
atratus. Chaud.	Colombie.	—	323
azureipennis. Chaud.	Colomb. Brésil.	—	355
azureus. Dej.	N. Grenade.	—	354
brachypterus. Chaud.	idem?	—	302
brunnipennis. Chaud.	Mexique.	—	312
chalybeus. Dej.	Brésil.	—	357
coeruleus. Chaud.	Mexique.	—	335
cordatus. Chaud.	Cordova.	—	337
corvinus. Dej.	?	—	305
cyanipennis. Chaud.	Mexique.	—	341

---

[46]) D'après M. Reiche (1857 p. XCV) c'est l'Ol. graecus Brullé.

[47]) Mr. de Chaudoir réunit au genre Colpodes M. Leay les genres suivants: Loxocrepis Eschsch. Dyscolus Dej. Stenocnemus Mannerh. Ophryodactylus Chaud. Paranomus Chaud. Pleurosoma Guér. Scaphiodactylus Chaud. Euplynes Schm.-Goebl. Anchomenus Bon. part. et Agonum Bon. part.

[48]) C'est le Dyscolus anchomenoides Chaud.

Pogonus. Ziegl.

viridimicans. Fairm.	Tanger.	1852	69
idem.	idem	58	783

Trechus. Clairv.

amplicollis. Fairm.	Puys de Dôme.	59	B.149
angusticollis. Kiesenw. (pl. XI. f. 2.)	Pyrenées.	51	386
areolatus. Cr. (1851 pl XII f.11-12 pl.XIII f.24)	Europe Algérie.	52	225
distigma. Kiesenw.	Lac de Gaube.	51	388
Lallemantii Fairm.	Alger.	58	783
latebricola Kiesenw.	Pyrenées or.	51	387
pinguis. Kiesenw.	Lac de Seculejo.	—	389

Duvalius. Delarouzée. 1859, 65.

Raymondi Delarouzée (pl. I. f. 3.)	Provence.	59	66

Anophthalmus. Sturm.

crypticola. Linder. (pl. I f. 8.)	Hautes Pyrenées.	59	71
Doriae. Fairm. (pl. I. f. 4.)	Ligurie orient.	—	25
gallicus. Delarouzée. (1859 pl. I. f. 9.)	Basses Pyrenées.	57	B. 94
Ghilianii. Fairm. (pl. I. f. 6.)	Mont Viso.	59	26
Minos. Linder.	Pyrenées.	—	B.258
orcinus. Linder. (pl. I. f. 7.)	Hautes Pyrenées.	—	72
Pandellei Linder. (pl. I. f 5.)	Basses Pyrenées.	—	72

Aepus. Leach. 1819, 33. (pl. II n I. f. 2—8.)

fulvescens. Leach.	Angleterre.	49	34
Robinii. Laboulb. (pl. II. n. I. f. 1.)	France.	—	35

Callistus. Bonelli.

coarctatus. de Laferté.	Inde bor.	51	230
gratiosus. Mannerh. [49]).	Perse.	—	230
lunatus. Fabr. var.	Caramanie.	58	364
4-pustulatus. Gory.	C. d. bonn. Esper.	33	215
3-pustulatus. Dej. [50]).	Sénégal.	51	229

Lachnophorus. Dej.

2-punctatus. Gory.	Cayenne.	34	245
niger. Gory.	idem.	—	245

Ega. de Cast. 1846, 593.

anthicoides. Sol. (pl XVIII. f. 10—13).	Bahia.	36	594

Anillus. Jacq. d. V. 1851, LXXIII et 1852, 220.

coecus. Jacq. d. V. (pl. XIII. f. 25—31.)	Bordeaux Toulouse.	51	B. 73
idem.	idem.	52	222

Bembidium. Latr. 1851, 452. [51]). v. n. [5]).

aeneum. Germ.	pl. part. d. l'Europe	52	176

---

[49]) Selon Mr. de Laf. 1851 p.230 cette espèce est une variété du C lunatus Fabr.

[50]) Appartient selon Mr. de Laferté 1851 p. 229 au genre Chlaenius.

[51]) La plupart des espèces suivantes est tirée d'un ouvrage de Mr. Jacquelin du Val; les Errata et Addenda de ce travail se trouvent 1852 p. 523—28. Un mémoire par Mr. Dr. Schaum sur ce travail v. 1853

p. 61—66 et la reponse de Mr. Jacq. d. V. 1855 p. 647. Au commencement de son travail Mr. Jacquelin d. V. donne une table synoptique des genres, dans lesquelles Mr. Stephens a divisé le genre Bembidium (1851 p. 458); elle contient les genres suivants; Lymnaeum, Cillenum, Tachys, Philochthus, Ocys, Peryphus, Notaphus, Lopha, Tachypus et Bembidium. Sur p. 458 et 459 il expose les charactères des Sousgenres suivants: Cillenum Leach, Blemus Ziegl., Tachys Meg., Notaphus Meg., Bembidium Meg., Peryphus Meg., Leja Meg., Lopha Meg., Tachypus Meg. Enfin sur p. 461 il donne une table synoptique des genres, faite par Mr. Motschoulsky, elle contient les genres: Tachys, Peryphus, Lopha, Omala, Leja, Phyla, Campa, Notaphus, Trachypachus, Bembidium et Tachypus.

4-signatum. Duft.	Europe. Algérie.	1852	195
5-striatum. Gyll.	Europe.	— —	185
rectangulum. Jacq. d. V.	Algérie. Sicile.	—	184
rufescens. Dej.	Europe. Algérie.	—	187
ruficolle. Illig.	Europe sept.	51	486
rufipes. Illig.	France. Allem. Suisse.	—	552
rugicolle. Reiche et Saulcy.	Jerusal. Jourdain.	55	635
saxatile. Gyll.	pl. part. d. l'Europe.	52	125
Schueppelii. Dej.	Bavière. Tyrol. Anglet.	51	519
scutellare. Germ. (1851. pl. XIII. f. 22)	Europe. Algérie.	52	209
siculum. Dej.	Sicile.	51	567
signatipenne. Jacq. d. V.	Turquie.	52	151
splendidum. Sturm.	Autriche.	51	500
striatum. Latr. (pl. XII. f. 14.)	pl. part. de l'Europe.	—	479
Sturmii. Panz.	Europe mer.	—	532
subfasciatum. Chaud.	Odessa. Kertsch.	55	670
sulcifrons. Chaud.	Crimée.	—	674
taciturnum. Gory.	Sénégal.	33	247
tarsicum. Peyron.	Caramanie.	58	368
tenellum. Erichs.	Europe.	51	527
tricolor. Fabr. (1851. pl. XIII. f. 1)	Europe m. Algérie.	52	120
unicolor. Chaud.	Volhynie. Kiew.	55	673
ustulatum L. (1851. pl. XII. f. 7, 8.)	Eur. Algér. Amér. bor.	52	143
ustum. Schoenh.	Russ. mer.	— —	150
varium. Oliv. (1851. pl. XII. f. 21. 23.)	Europe.	—	159
versicolor. Friwaldsky.	Turquie.	51	515
vicinum. Lucas.	Europe. m. Algérie.	52	178
Tachys. Megerle.			
dimidiata. Motsch.	Espagne mer.	52	219
Leja. Megerle.			
2-sulcata. Chaud.	Kiew.	52	218

III. Dytiscides.

Haliplus. Latr.			
pyrenaeus. Delarouzée.	Hautes Pyrenées.	57	B. 95
Vatellus. Aubé.			
grandis. Buq.	Haut Oyapok.	40	394
Hydroporus. Clairv.			
angulipennis. Peyron.	Caramanie.	58	398
Cleopatrae. Peyron.	idem.	—	397
discretus. Fairm. et Bris.	France.	59	28
exornatus R. et S. (pl. XXII. f 12.)	Beyrouth.	55	644
glacialis. Gaubil.	France.	52	B. 37
laeviventris. Reiche et Saulcy.	Beyrouth.	55	642
Lareynii. Fairm.	Corse.	59	273

Martinii. Fairm.	Corse.	1859	274
moestus. Fairm.	idem.	—	272
Mulsantis. Peyron.	Caramanie.	58	400
pallidulus. Aubé.	Sicile.	50	300
polonicus. Aubé. [52]	Varsovie.	42	230
Schaumei. Aubé.	Sicile.	—	229
vestitus. Fairm.	Provence.	59	27
Noterus. Clairv.			
convexiusculus. Reiche et Saulcy.	Beyrouth.	55	640
Hydrocanthus. Say.			
diophthalmus. R. et S. (pl. XXII f. 11.) [53]	Beyrouth.	55	641
Agabus. Leach.			
rufulus. Fairm.	Corse.	59	272
sexualis. Reiche.	Ecosse bor. Island.	57	B. 9
Cybister. Curtis.			
aegyptiacus. Peyron.	Caïre.	56	722
2-notatus. Klug.	Andal. Tang. Sénég.	58	785
Jordanis. Reiche et Saulcy.	Jourdain	55	637
Roeselii. Fabr.	Andal. Sicil. Tang.	58	785
Trochalus. Eschsch.			
meridionalis. Géné.	Sardaigne.	36	B. 2
Eretes. de Cast. 1832, 597.			
Hydaticus. Leach.			
fusciventris. Reiche et Saulcy.	Jourdain.	55	639
Nauzieli. Fairm.	France.	59	B. 52

IV. Gyrinides.

Gyrinus. Geoffr.			
limbatus. Solier.	Provence. Sicile.	33	464
Gyretes. Brullé.			
bidens. Oliv.	Cayenne.	53	55
cinctus. Germ.	Brésil.	—	57
dorsalis. Brullé.	idem.	—	55
lejonotus. Aubé.	Mexique.	—	57
levis. Brullé.	Brésil.	—	58
melanarius. Aubé.	idem.	—	56
morio Aubé.	Guadeloupe.	—	57
nitidulus. Chevr. et Lab. (pl. I. n. II f. 2.)	Riv. d. Amazones.	—	53
idem.	idem.	—	58
parvulus. Laboulb.	Cayenne.	—	59
Salléi. Laboulb.	Caracas.	—	51

---

[52]) Voyez une addition à la description de cette espèce. 1842. p. 345.

[53]) Selon Mr. Schaum (1857. p. LXXX.) c'est le H. notula Erichs. **Mr.** Reiche accepte cette opinion 1857. p. CLXII. et 1858. p. 58.

Salléi. Laboulb.	Caracas.	1853	58
sericeus. Robin et Lab. (pl. I. n. II. f. 1)	id.	—	48
idem.	id.	—	56
vulneratus. Aubé.	?	—	56

V. Palpicornes.

Hydrophilus. Fabr. 1834, 312.			
aterrimus. Eschsch. (pl. III. n. III. f. 2.) [54]	Europe.	54	69
inermis. Lucas. (pl. III. n. III. f. 3.) [54]	Algérie.	—	69
piceus L. (pl. III. n. III. f. 1.)	Europe	—	69
idem. [55]	Europe.	57	89
pistaceus. de Cast. [55]	Algérie.	—	89
Hydrous. Leach. 1834, 304.			
Stethoxus. Solier 1834, 307.			
Temnopterus. Solier 1834, 307.			
aegyptiacus. Peyron. [56]	Egypte.	56	723
Tropisternus. Solier 1834, 308.			
Sternolophus. Solier 1834, 310.			
rufipes. Solier.	Sénégal.	34	311
Hydrobius. Leach. 1834, 313.			
aeneus. Dej.	Marseille.	34	314
Philhydrus. Solier 1834, 315.			
Helochares. Muls. [57]			
parvulus. Reiche et Saulcy.	Beyrouth.	56	359
Berosus. Leach. 1834, 316.			
bispina. Reiche et Saulcy.	Beyrouth.	56	356
dispar. Reiche et Saulcy.	id.	—	355
Limnebius. Leach. 1834, 316.			
Spercheus. Fabr. 1834, 317.			
senegalensis. de Cast.	Sénégal.	32	398
Elophorus. Fabr.			
fracticostis. Fairm.	Hautes Pyren.	59	29
frigidus. Graëlls (pl. IV. n 1. f. 1.)	Espagne.	47	305

---

[54] Mr. Leprieur donne comme principal charactère specifique les tarses anterieurs dilatés du male.

[55] Ces 2 espèces, dont le H. pistaceus de Cast. est synonyme de H. inermis Lucas, sont tirées d'un memoire de Mr. Jacquelin du Val, qui sert comme reponse au memoire de Mr. Leprieur.

[56] Une remarque de Mr. Dr. Schaum v. 1857 p. LXXX.; la reponse de Mr. Peyron 1857 p. CIX. et encore une remarque de Mr. Reiche 1857 p. CX.

[57] Voyez les notices suivantes: 1856 p. 358, 1857 p. LIV. et LXXVII.

Hydrochus. Germ.

foveostriatus. Fairm.	Tanger. Espagne.	1858	786

Ochthebius. Leach.

lanuginosus. Reiche et Saulcy.	Athènes.	56	353
lividipennis. Peyron.	Caramanie.	58	405
viridis. Peyron	id.	—	404

Hydraena. Kugel.

curta. Kiesenw.	Bains d. l. Preste.	51	392

VI. Paussides.

Paussus. L.

Favieri. Fairm.	Maroc.	51	B.110
idem. (pl. III. f. 4.)	Tanger. Espagne	52	76

VII. Staphyliniens.

Falagria. Leach.

crassiuscula. Aubé.	Imérétie.	50	301

Myrmedonia. Erichs.

aptera. Peyron.	Caramanie.	58	417
Erichsonis. Peyron.	Montpellier.	57	635
Fernandi. Fairm.	Naples.	55	509
Rougeti. Fairm.	Dijon.	59	B.164
tuberiventris. Fm. (1856 pl. XVI n. II. f. 5.)	Sicile.	55	310

Bolitochara. Mannerh.

elegans. Fairm. [58]	Sicile.	52	71
laevior. Fairm. et Bris.	Provence.	59	35

Tachyusa. Erichs.

forticornis Fairm. et Bris.	Marly.	59	36
sulcata. Kiesenw.	Perpign. Venise. Dalm.	51	404

Homalota. Mannerh.

anthracina. Fairm.	France.	52	687
castanea. Aubé.	Fontainebleau.	50	306
celata. Erichs.	France.	53	562
cuspidata. Erichs.	id.	—	563
difficilis. Bris.	St. Germain.	59	B.219
dux. Peyron.	Caramanie.	58	418
eucera. Aubé.	Paris. Aigle.	50	307
Fairmairii. Bris.	Bordeaux.	59	B.218
granigera. Kiesenw.	Carniole.	51	406
hypnorum. Kiesenw.	id.	—	407
lacustris. Bris.	St. Germain.	59	B.218

---

[58] Selon Mr. Fairmaire (1855 p. 312 c'est une variété de B. lucida Gravenh.

major. Aubé.	Fontainebleau.	1850	306
minuscula. Bris.	Paris.	59	B.218
myops. Kiesenw.	Pyrenées orient.	51	410
nigerrima. Aubé.	Chateauroux	50	308
nigrina. Aubé.	Lille.	--	304
parisiensis. Bris.	Paris.	59	B.217
planaticollis. Aubé.	Paris. Lille.	50	305
Reyi. Kiesenw.	Pyrenées orient.	51	405
sequanica. Bris.	Paris	59	B.217
tabida. Kiesenw.	Allemagne.	51	409
torrentum. Kiesenw.	Pyrenées orient.	—	408
Oxypoda. Mannerh.			
analis. Gyll.	France.	53	564
angustata. Aubé.	Imérétie.	50	310
elongatula. Aubé.	Paris.	—	309
forticornis. Fairm. et Bris.	id.	59	37
fuliginosa Aubé.	Imérétie.	50	310
riparia. Fairm. et Bris.	Bords d. l. Seine.	59	38
Calodera. Mannerh.			
atricollis. Aubé.	Piemont.	50	303
colorata. Fairm.	Bordeaux.	59	B.184
picina Aubé.	Paris.	50	303
propinqua. Aubé.	France.	—	302
sulcicollis ubé.	Piemont.	—	302
Phloeopora. Erichs.			
corticalis. Gravenh.	France.	53	560
reptans. Gravenh.	id.	—	559
Aleochara. Gravenh.			
cuniculorum. Kraatz.	Paris.	58	B.188
decorata. Aubé.	Paris. Mans.	50	311
Grenieri. Fairm. et Bris.	Provence.	59	38
haemoptera. Kraatz.	Espagne. Algérie.	58	B.190
inconspicua. Aubé.	Genève. Aigle.	50	312
leucopyga. Kraatz	Marseille.	58	B.189
lugubris. Aubé.	Genève. le Jura.	50	313
major. Fairm.	Mont Dore.	57	737
nidicola. Fairm. [59])	Baie d. l. Somme.	52	688
Euryusa. Erichs.			
brachelytra. Kiesenw.	Styrie.	51	412
Placusa. Erichs.			
pumilio. Gravenh.	France.	53	566
Myllaena. Erichs.			
glauca. Aubé.	Paris.	50	314

---

[59]) Selon Mr. Boieldieu 1855. p.LXVII. c'est l'Al. pulla Gyll.

gracilicornis. Fairm. et Bris.	Hyères.	1859	39
Tachyporus. Gravenh.			
cellaris. Fabr.	France.	46	335
discus. Reiche et Saulcy.	Beyrouth.	56	359
elegantulus. Reiche et Saulcy.	id.	—	360
meridionalis. Fairm. et Bris.	Nîmes.	59	40
Tachinus. Gravenh.			
humeralis. Gravenh.	France.	46	336
pictus. Fairm. (pl. III. f. 2.) [60]	Sicile.	52	71
Coproporus. Kraatz.			
colchicus. Kraatz.	Iméretie.	58	B.190
Boletobius. Leach.			
distigma. Fairm. (pl. III. f. 1.)	Sicile.	52	72
Platyprosopus. Mannerh.			
hierichonticus. R. et S. (pl. XII. f. 1.)	Jourd. I. d. Chypre.	56	361
Vulda. Jacq. d. V.			
gracilipes. Jacq. d. V.	Marseille.	52	698
Xantholinus. Dahl.			
collaris. Erichs.	France.	53	569
Cordieri. Boield.	Sicile.	59	464
hebraicus. Reiche et Saulcy.	Jourd. I. d. Chypre.	56	362
radiosus. Peyron.	Caramanie.	58	421
rufipennis. Erichs.	id.	—	421
Leptacinus. Erichs.			
ampliventris. Jacq. d. V.	Bercy.	54	B. 37
basalis. Aubé.	Iméretie.	50	314
Staphylinus. L.			
medioximus. Fairm.	Tanger.	52	73
Mulsanti. Godard. [61]	M. des Corbières.	50	B. 55
rupicola. Kiesenw.	Pyrenées orient.	51	413
Ocypus. Kirby.			
abbreviatipennis. Aubé.	Iméretie.	50	315
Baudii. Peyron.	Caramanie.	58	424
bellicosus. Fairm.	Tanger.	55	312
cyclopus. Peyron.	Caramanie.	58	422
erosicollis. Reiche et Saulcy.	Beyrouth.	56	364
obscuroaeneus. Fairm.	Tanger.	52	73
planipennis. Aubé.	Sicile.	42	235
rubripennis. Reiche et Saulcy.	Jourdain.	56	365
Saulcyi. Reiche.	Ecosse bor.	57	B. 9
siculus. Aubé.	Sicile.	42	234
Philonthus. Leach.			
aerosus. Kiesenw.	Styrie.	51	416

[60]) Voyez les corrections 1853 p. LX. et 1855 p. 312.
[61]) Selon Mr. Aubé 1851 p. XXI. c'est le St. meridionalis Rosenh.

Stenus Latr. [62])

decipiens. Leprieur.	Lille.	1851	201
eumerus. Kiesenw.	Bagn. d. Bigorre.	—	425
Guynemeri. Jacq. d. V. v. n. [63])	Pyrenées.	50	51
impressifrons. Jacq. d. V.	Montpellier.	52	701
Leprieuri. Cussac.	Lille.	51	B. 29
muscorum. Fairm. et Bris	Haut. Pyrenées.	59	42
oreophilus. Fairm.	id.	—	43
rugosus. Kiesenw. [63])	Pyrenées orient.	51	424

Euaestethus. Gravenh.

laeviusculus. Mannerh.	Finlande.	50	50
Lespesii. Jacq. d. V.	France.	—	48, 51
ruficapillus. Erichs.	France. Allem.	—	50
scaber. Gravenh	id.	—	50

Osorius. Leach.

cornutus. de Cast.	Brésil.	32	395

Bledius. Leach.

antilope. Peyron.	Caramanie.	58	431
sus. Aubé.	Compiègne.	50	320
tristis. Aubé.	Sicile.	43	92

Platystethus. Mannerh.

maxillosus. Peyron.	Caramanie.	58	432

Trogophloeus. Mannerh.

latrobioides. Peyron.	Caramanie.	58	433
nitidus. Baudi.	Montpellier.	51	430
plagiatus. Kiesenw.	Perpignan.	—	428
politus. Kiesenw.	Catalogne	—	431
punctipennis. Kiesenw.	Montpellier.	—	431
Rosenhaueri. Kiesenw.	Allemagne.	—	428

Thinobius. Kiesenw.

brevipennis. Kiesenw.	Berlin.	51	432

Micralymma. Westw.

brevipenne. Gyll. (pl. II. f. 27.)	France.	58	86

Anthophagus. Gravenh.

muticus. Kiesenw.	Lac de Gaube.	51	433

Lesteva. Latr.

fontinalis. Kiesenw.	Mont Serrat.	51	434

Boreaphilus. Sahlb.

Henningianus. Sahlb.	Europe sept.	57	B. 53

---

[62]) Voyez une table dichotomique appliquée au genre Stenus par Mr. Leprieur 1851 p. 193 et quelques corrections à cette table 1851 p. CXVII.

[63]) Selon Mr. de Kiesenwetter 1851 p. 424 c'est le St. Guynemeri Jacq. d. V.

Macropalpus. Cussac. 1852, 613. [64])

pallipes. Cussac. (pl. XIII. f. 1—7.)	Lille.	1852	613
idem.	France.	53	574
Omalium. Gravenh.			
Allardi. Fairm. et Bris.	Paris.	59	44
atrum. Heer. ♂	St. Germain.	57	738
nigriceps. Kiesenw.	Pic du Midi.	51	435
pusillum Gravenh.	France.	53	579
striatipenne. Aubé.	Imérétie.	50	321
vile. Erichs.	France.	53	577
Anthobium. Leach.			
adustum. Kiesenw.	Pyren. centr. Silesie.	51	438
angustum. Kiesenw.	Pyrenées cent.	—	436
impressicolle. Kiesenw. (pl. XI. f. 10.)	id.	—	437
umbellatarum. Kiesenw.	Costabonne.	—	439

VIII. Psélaphiens.

Chennium. Latr. 1833, 504 et 1844, 88. (pl. III. n IV.)

2-tuberculatum. Latr	Europe.	44	89

Ctenistes. Reichenb. 1833, 505 et 1844. 96 (pl III. n. V.)

aequinoctialis. Aubé.	Colombie.	44	98
barbipalpis Fairm. (pl. XVI. f. 5.)	Tanger.	58	792
carinatus. Say.	Etats Unis.	44	100
Ghilianii. Aubé.	Cadix.	—	99
integricollis. Fairm. (pl. XVI. f. 4.)	Tanger.	58	793
palpalis. Reichenb.	Europe.	44	97

Tyrus. Aubé 1833, 505 et 1844, 89. (pl. III. n. III.)

mucronatus. Panz.	Allem. Suède.	44	90

Faronus. Aubé 1844, 157.

Aubéi. Lucas.	Algérie.	54 B.	35
Lafertéi. Aubé (1850. pl. XI. f. 5.)	France merid.	44	158

Phamisus. Aubé 1844, 94.

Reichenbachii. Aubé.	Colombie.	44	95

Metopias. Gory 1833, 504 et 1844. 78 (pl. III. n. I.)

curculionoides. Gory.	Cayenne.	44	79

---

[64]) Selon, Mr. Dr. Schaum (1853 p. XXXV.) c'est le Coryphium angusticolle Kirby. Mr. Aubé s'explique 1853 p. XXXVI. contre cette opinion, mais Mr. Dr. Schaum persiste p. XXXVII dans son sentiment. Mr. Lacordaire dit 1854 p. IX., que cet insecte est le Harpognathus Robinsii Wesm. et propose de réunir sous le nom de Boreaphilus Sahlb. les genres suivants: Boreaphilus Sahlb. Coryphium Steph. Macropalpus Cuss. et Harpognathus Wesm. Voyez aussi une notice de Mr. Dr. Kraatz (1857 p. LIII.) au sujet du genre Macropalpus. Cuss.

Pselaphus. Herbst. 1833, 505 et 1844, 100 (pl. III. n. VI.)

acuminatus. Motsch.	Georgie merid.	1844	102
dresdensis. Herbst.	Europe.	—	102
Heisei. Herbst.	idem.	--	101
longipalpis Kiesenw (pl. XI. f. 3.)	Pyrenées or.	51	401
Sencieri. Coquerel. (pl. XVI. f. 3.)	Oran.	58	794

Tychus. Leach. 1833, 508 et 1844, 121. (pl. III. n. IX.)

castaneus. Aubé.	Espagne. Sicile.	44	124
ibericus. Motsch.	Europe m. Algér.	—	123
Jacquelinii. Boield. (pl. VIII. f. 2.)	Montpellier.	59	463
niger. Leach.	Europe.	44	122
tuberculatus. Aubé.	France.	—	125
idem. ♂.	idem.	52	722

Hamotus. Aubé. 1844, 91.

bryaxoides. Aubé.	Colombie.	44	93
humeralis. Aubé.	Caroline d. Nord.	—	93
latericius. Aubé.	Colombie.	—	92

Batrisus. Aubé. 1833, 509 et 1844, 80 (pl. III. n. II.)

albionicus. Aubé.	Amerique sept.	44	83
australis. Erichs.	J Van Diemen.	---	86
Delaporti. Aubé.	Europe temp.	—	84
Dregei. Aubé.	C. d. bonn Esper.	—	82
formicarius. Aubé.	Europe temp.	---	81
Germari. Aubé.	Brésil.	—	81
lineatocollis. Aubé.	Amerique sept.	—	83
oculatus. Aubé.	Europe temp.	—	86
riparius. Say.	Missouri	—	83
Schaumei Aubé.	Amerique sept.	—	84
testaceus. Hope	?	—	87
thoracicus. Motsch	Georgie.	—	87
venustus. Aubé.	Europe.	—	85

Amaurops. Fairm. 1852, 74 [65]).

Aubéi. Fairm. (pl. III. f. 3)	Sicile.	52	76
gallicus. Delarouzée. (pl. I. f. 2.)	Dep. du Var.	59	68

Bryaxis. Leach. 1833, 506 et 1844, 103 (pl. III. n. VII.)

antennata. Aubé.	Europe.	44	118
Chevrieri. Aubé.	Italie Syrie	—	114
clavata. Peyron.	Caramanie.	58	415
dentata. Say.	Etats Unis.	44	112
eucera. Aubé.	Porto Rico.	—	120
fossulata. Leach.	Europe.	—	106
fulviventris. Saussure.	Genève.	59 B.	97
furcata. Motsch.	Georgie. Algér.	44	112

---

[65]) Voyez une addition 1855, 309.

furcata Motsch. (pl. XVI. f 6.) [65a]	Tiflis. Algér.	1858	795
Goryi. Aubé.	Colombie.	44	117
haematica. Leach.	Europe.	—	110
var. obscura. Dej.	Amerique sept.	—	111
Helferi. Schmidt.	Sicile. Saxe.	—	109
hemoptera. Aubé.	Europe.	—	108
heterocera. Aubé.	Algérie.	—	119
impressa. Leach.	Europe.	—	117
juncorum. Leach.	idem.	—	113
Lebasii. Aubé.	Colombie.	—	118
Lefebvrii. Aubé.	Europe.	—	108
levicollis. Aubé.	Colombie	—	121
limnophila. Peyron.	Caramanie.	58	414
nigropygialis. Fairm.	Provence.	57	735
opuntiae. Schmidt.	Europe m. Afrique sept	44	115
paludosa. Peyron.	Caramanie.	58	416
rubra. Aubé.	Colombie.	44	115
rubricunda. Aubé.	Pensylvanie.	—	116
sanguinea. Leach.	Europe.	—	104
Schueppelii. Aubé.	Trieste.	...	110
idem. ♀	idem.	52	722
tibialis. Aubé.	Sardaigne.	44	106
tomentosa. Aubé.	Etats Unis.	—	113
xanthoptera Reichenb.	Europe temp.	—	107

Bythinus. Leach. 1833, 507 et 1844, 126. (pl. III, u. VIII)

bulbifer. Aubé	Europe.	44	133
Burellii. Denny.	Europe temp.	—	136
clavicornis. Panz	Saxe.	—	127
crassicornis. Motsch.	Cauc. Autriche.	—	132
Curtisii Leach	Europe.	—	134
femoratus. Aubé.	Autriche.	—	132
laevicollis. Fairm.	Charenton.	57	735
Mulsantii. Kiesenw.	Pyrenées orient.	51	402
nigriceps. Leach.	Alpes marit.	44	128
nigripennis Aubé.	Saxe. Angleterre	—	131
nodicornis. Aubé.	Saxe.	—	135
Pictetii. Saussure.	Genève.	59	B. 98
puncticollis Denny.	Europe temp.	44	129
securiger. Leach.	Europe.	—	136
uncicornis. Schmidt.	Marseille.	—	137
validus. Aubé.	Cassel.	—	130

[65a]) Mr. Motschulsky donne à cette espèce le nom Br. Reichei, parce qu'elle n'est pas la vraie Br. furcata Motsch. v. 1859. p. CCVI.

Euplectus. Leach. 1833, 509 et 1844, 140. (pl. III n. XI.)

Aesterbrookianus. Leach.	Danmonie.	1844	151
ambiguus. Aubé.	Europe.	—	149
bicolor. Denny.	Paris. Styrie.	—	150
Duponti. Aubé.	Fontainebleau.	—	145
Erichsoni. Aubé.	Saxe.	—	143
Fischeri. Aubé.	Saxe. Suisse.	—	144
Karstenii. Denny.	France. Allem. Styrie	--	146
Kunzei. Aubé.	Styrie. Suisse.	—	142
Maerkelii. Aubé.	France. Allem. Hongr.	—	142
minutissimus. Aubé.	Sicile. Saxe.	—	150
nanus. Aubé.	France. Suisse. Allem.	—	148
nitidus. Fairm.	Marly.	57	736
perplexus. Jacq. d. V.	Bercy.	54	B. 36
piceus. Motsch.	?	44	149
Riedelii. Fairm.	Sicile.	59	34
sanguineus. Denny.	Europe.	44	146
Schmidtii. Maerkel.	Ile de Wollin.	--	151
signatus. Aubé.	Europe.	—	145
Spinolae. Aubé.	Genève.	--	147
sulcicollis. Erichs.	Europe temp. et mer.	—	141

Trimium. Aubé. 1833, 508 et 1844, 138. (pl. III n. X.)

brevicorne. Aubé.	Europe.	44	139
lejocephalum. Aubé.	Toulon.	—	139

Claviger. Preyssler. 1833, 510 et 1844, 151. (pl. III. n. XII.)

colchicus. Motsch.	Georgie.	44	154
longicornis. Muell.	Europe.	—	154
testaceus. Preyssl.	idem.	—	153

Articerus. Dalm. 1833, 511 et 1844, 155.

armatus. Dalm.	?	44	155
Fortnumi. Hope.	Ile Adelaide.	—	156

IX. Scydménides.

Chevrolatia. Jacq. d. V. 1850, 45. [66]

insignis. Jacq d. V. (pl. I. n. III.)	France mer.	50	46

Scydmaenus. Latr.

cordicollis. Kiesenw.	Pyrenées.	51	397
distinctus. Saussure.	Genève.	59	B. 97
Ferrarii. Kiesenw.	Pyrenées or.	51	399
Kiesenwetteri. Schaum.	Carniole.	—	399
laticollis. Chevrier.	le Jura.	42	233
Loewii. Kiesenw	Pyrenées.	51	398
minutissimus. Aubé.	Ile de Louviers,	42	234

---

[66] Voyez une addition à la déscription de ce genre 1852. p. 721.

Pandellei. Fairm.	Haut. Pyrenées.	1859	33
Schioedtei. Kiesenw.	Pyrenées or.	51	398
semipunclalus. Bris.	Pyrenées.	59	B.236
subcordalus. Bris.	Haut. Pyrenées.	—	B.235
tritonius. Kiesenw.	Perpignan.	51	400
Eumicrus. de Cast. 1832. 396.			
haematicus Bris.	Hautes Pyrenées.	59	B.235
Cephennium. Mueller.			
intermedium. Bris.	Haut. Pyrenées.	59	B.235
Kiesenwetteri. Aubé.	Pyrenées.	53	B.9
Clidicus. de Cast. 1832. 396.			
grandis. de Cast [66a]	Java.	32	397
Mastigus. Illig.			
liguricus. Fairm.	Alpes marit.	59	B.216
Pylades. Fairm. 1856, 526.			
Coquereli. Fairm. (p'. XVI. n. II. f. 2.)	Bosphore.	56	528
Leptomastax. Pirazzoli. [67]			
hypogeum. Pirazzoli (pl. XVI. n. II. f. 1.)	Italie.	56	528

X. Silphales.

Leptoderus. Schmidt.			
Querilhaci. Lespès. (pl. I. f. 1.) [68]	Tarascon.	59	31
Necrophorus. Fabr.			
corsicus. de Cast.	Corse.	52	399
Silpha. L.			
Souverbii. Fairm. [69]	Haut. Pyrenées.	48	168
Oiceoptoma. Leach.			
formosa. de Cast.	Siam.	32	400
Thanatophilus. Leach.			
unicostalus. de Cast.	Paris.	32	400
Adelops. Tellkampf.			
asperulus. Fairm.	Pyrenées?	57	731
grandis. Fairm.	Basses Pyrenées.	56	525
meridionalis. Jacq. d. V.	Bordeaux.	54	B. 36
pyrenaeus. Lespès.	Tarascon.	59	32
speluncarum. Delarouzée.	Basses Pyrenées.	57	B. 94

[66a]) Voyez quelques additions et corrections 1856. p. 529.

[67]) C'est le même insecte que le Pylades Coquereli et Mr. Fairmaire donne seulement la figure de Mr. Pirazzoli, parce qu'elle diffère de la sienne.

[68]) Sous la figure est imprimé Pholeuon Querilhaci et Mr. Linder cite aussi cet insecte sous ce nom (1859. p. CCLVIII). Selon Mr. Reiche cette espèce appartient au genre Drimeotus Mueller.

[69]) Voyez une addition à la description de cette espèce 1851 p. 393.

Bathyscia. Schioedte. 1851, 393.

Aubéi. Kiesenw.	Toulon.	1851	394
byssina. Schioedte.	Carniolе.	—	396
montana. Schioedte.	idem.	—	396
ovata. Kiesenw.	Pyrenées centr.	—	395
Schioedtei. Kiesenw.	Pyren. or. et centr.	—	394

Choleva. Latr.

formicetorum. Peyron.	Marseille.	57	716

Catops. Payk.

meridionalis. Aubé (pl. XI. f. 2.)	Sicile.	50	326
quadraticollis. Aubé. (pl. XI. f. 3.)	Paris.	—	326

Catopsimorphus. Aubé. 1850, 324. [69a]).

Marqueti. Fairm.	France.	57	729
orientalis. Aubé. (pl XI. f. 1.)	Constantinople.	50	325

Colon. Herbst.

Barnevillei. Kraatz.	France.	58	B.192
confusus. Fairm.	St. Germain.	57	730

Xanthosphaera. Fairm. 1859, 29.

Barnevillii. Fairm.	Hongrie.	59	30

Hydnobius. Schmidt.

Perrisii.' Fairm.	Mont de Marsan.	55	B. 75

Anisotoma. Knoch.

distinguenda. Fairm.	Paris	56	525
lucens. Fairm.	Foret de Bondy.	55	B. 76
obscura. Fairm.	Oran.	58	792
ornata. Fairm.	Paris	55	B. 30

Clambus. Fischer.

enshamensis. Westw. (pl. XIV u. I. f. 8-10.)	Dep. des Landes.	52	577

XII. Trichoptérygiens.

Trichopteryx. Kirby.

aptera. Guérin.	France.	33	B. 17
intermedia. Gillm.	idem.	46	472
testacea. Heer.	idem.	33	B. 17

Ptilium. Schueppel.

angulicolle. Fairm.	Fontainebleau.	57	733
apterum. Guérin.	France.	53	588
denticolle. Fairm	St. Germain en Laye.	57	732
marginatum. Aubé.	Paris.	50	327
punctipenne. Fairm. et Bris.	St. Germain.	59	32
3-sulcatum. Aubé. (pl. V. f. 1.)	Paris.	33	94

[69a]) Voyez une remarque sur le ♂ de C. arenarius Hampe par Mr. Peyron. 1857. p. 756.

XIV. Histériens.

Phylloma. Erichs. 1853, 191.			
corticale. Fabr. (pl. V. n. 2. f. 1.)	Brésil. Cayenne.	1853	193
mandibulare. de Mars. (pl. V. n. 2. f. 3.)	Cayenne.	—	195
oblitum. de Mars. (pl. V. n. 2. f. 2.)	N. Grenade.	—	194
Hololepta. Payk. 1853, 135. [10])			
aradiformis. Erichs. (pl. IV. f. 23.)	Brésil. Cayenne.	53	181
arcifera. de Mars. (pl. IV. f. 17.)	Sénégal.	—	159
attenuata. Blanch. (pl. IV. f. 24)	Bolivie.	—	182
australica. de Mars. (pl. IV. f. 4.)	Swan - River.	—	146
Baulnyi. de Mars. (pl. X. n. 2. f. 9'.)	Indes orient.	57	399
2-dentata. de Mars. (pl IV. f. 14.)	Caracas.	53	156
bogotana. de Mars. (pl. IV. f. 26.)	Guatem. Caracas.	—	184
bractea. Erichs. (pl. IV. f. 15.)	Californ. Caracas.	—	157
cacti. Le Conte. [11])	N. Californie.	—	220
caffra. Erichs. [12])	Caffrérie.	—	219
cayennensis. de Mars. (pl. IV. f. 22.)	Cayenne.		180
colombiana de Mars. (pl. IV. f 12.	Caracas	—	154
cubensis Erichs. (pl. IV. f. 19)	Cuba. St. Doming.	—	178
curta. de Mars. (pl IV f. 2–.)	N. Grenade.	—	187
elongata. Erichs. (pl. IV. f. 31.)	Java.	·—	190
excisa. de Mars. (pl. IV. f 6.)	Etats Unis. Brésil.	—	148
flagellata. Kirby.	Australie.	57	155
fossularis Say. (pl. IV. f. 5.)	Amérique sept.	53	147
glabra. Fahr	Caffrérie.	57	155
humilis. Payk. (pl. IV. f. 20.)	Brésil.	53	179
indica. de Mars (pl. IV. f. 10.)	Java.	—	152
lamina. Payk. (pl. IV. f 29.)	Brésil ?	—	188
lissopyga. de Mars. (pl. IV. f. 2.)	Bengale.	—	144
lucida Le Conte. (pl. IV. f. 18.)	Etats Unis.	—	177
manillensis. de Mars. (pl. IV. f. 3.)	Manille.	—	145
marginepunctata. de Mars. pl. IV. f. 11.)	N. Grenade.	—	153
meridana. de Mars. (pl. IV. f. 25.)	Yucatan.	—	184
obscura. de Mars. (pl. IV. f. 8.)	Mexique.	—	150
Perraudieri. de Mars. (pl. X. n. 2. f. 1'.)	Teneriffe.	57	397
plana. Fuessly. (pl IV. f. 1.)	Europe.	53	143
procera. Erichs. (pl. IV. f. 30.)	Java.	—	189
quadritormis. de Mars. (pl. IV. f. 27.)	Brésil.	—	186
semicincta. de Mars. (pl. IV. f. 16.)	Sénégal.	—	159
similis. de Mars. (pl. IV. f. 13.)	N. Grenade.	—	155

---

[10]) Voyez une remarque de Mr. Jacquelin du Val. 1857. p. LV.
[11]) C'est la Lioderma cacti Le Conte.
[12]) C'est aussi une Lioderma (d'après Mr. de Marseul).

striatidera. de Mars. (pl. IV. f. 9.)	C. de bonn. Esper.	1853	151
subhumilis. de Mars. (pl. IV. f. 21.) [13]	Mexique.	—	179
sublucida. de Mars (pl. IV. f. 7.)	N. Grenade.	—	149
vicina. Le Conte. [14])	N. Californ.	—	220
Lioderma. de Mars. 1853, 196. [15]) v. n. [71], [72], [74].			
cacti. Le Conte (pl. X. n. 3.)	Californie.	57	400
cerdo de Mars (pl V. n. 3. f. 4.)	Cayenne.	53	206
confusa. de Mars. (pl. V. n. 3. f. 3.)	Mexique.	—	205
devia. de Mars. (pl V. n. 3. f. 9.)	Brésil. Cayenne.	—	211
grandis. de Mars. (pl. V. n. 3. f. 2.)	Mexique.	—	204
interrupta. de Mars. (pl. V n. 3. f. 11.)	Cuba.	—	214
lata. de Mars. (pl. V. n. 3. f. 12.)	Brésil.	—	215
mexicana. de Mars. (pl. V. n 3. f. 7.)	Mexique.	—	209
minuta. Erichs. (pl. V. n. 3. f. 14.)	Brésil.	—	217
polita. de Mars. (pl. V. n. 3. f. 6)	Mexique.	—	208
punctulata. de Mars. (pl. V. n. 3. f. 13.)	Brésil. Cayenne.	—	216
4-dentata. Fabr. (pl. V. n. 3. f. 10.)	Toute l'Amerique.	—	212
Reichii. de Mars. (pl. V. n. 3. f. 8.)	Cayenne.	—	210
rimosa. de Mars. (pl. V. n. 3. f. 15.)	Cuba.	—	218
strigicollis de Mars. (pl. V. n. 3. f. 5.)	Mexique.	—	207
yucateca de Mars. (pl. V. n. 3. f. 1.)	Yucatan.	—	203
Oxysternus. Erichs. 1853, 220.			
maximus. L. (pl. V. n. 4.)	Amerique merid.	53	223
Trypanaeus. Eschsch. 1856, 103.			
amabilis. de Mars. (pl. II. f. 10.)	Brésil.	56	117
2-caudatus. de Mars. (pl. II. f. 19.)	N. Grenade.	—	127
2-maculatus. Erichs. (pl. II. f. 7.)	Brésil.	—	115
2-spinus. de Mars. (pl. II. f. 14.)	Amerique?	—	122
breviculus. de Mars. (pl. XI. n. 35. f. 8')	Cayenne.	57	401
carinirostris de Mars. (pl. II. f. 15.)	idem.	56	123
carthagenus. d. Mars. (pl. XI n. 35 f. 21')	N. Grenade.	57	402
Deyrollii. de Mars. (pl. II. f. 20.)	Brésil.	56	127
ensifer. de Mars. (pl. II. f. 5.)	idem.	—	113
fallax. de Mars. (pl. II. f. 17.)	idem.	—	125
flavipennis. de Mars. (pl. II. f. 9.)	Mexique.	—	117
nasutus. de Mars. (pl. II. f. 13.)	Brésil.	—	121
pictus. de Mars. (pl. II. f. 8.)	Cayenne.	—	116
proboscideus. Fabr. (pl. II. f. 21.)	N. Grenade.	—	128
prolixus. de Mars. (pl. II. f. 1.)	Brésil.	—	109
quadricollis. de Mars. (pl. II. f. 6.)	Guatem. N. Grenade.	—	114

[13]) L'indication de la patrie se trouve 1853. p. 553.

[14]) C'est une Lioderma (d'après Mr. de Marseul).

[15]) l. c. est imprimé Lejonota de Mars., mais l'auteur change (1857 p. 469) ce nom en Lioderma, parce que l'autre était déjà employé.

---

[76]) l. c. est imprimé Cylistus de Mars., mais 1857 p. 474 Mr. de Marseul change ce nom, parce qu'il était déjà employé.

[77]) l. c. est imprimé Crypturus de Mars., mais Mr. de Mars. à changé ce nom en Cypturus Erichs.

[78]) L'indication de la patrie se trouve 1853. p. 553.

Psiloscelis. de Mars. 1853, 539.

Harrisii. Le Conte. (pl. XVI. n. 17.)	Amérique bor.	1853	542

Contipus. de Mars. 1853, 543.

didymostrius. de Mars. (pl. XVI. n. 18. f. 1.)	Sénégal.	53	546
digitatus. de Mars. (pl. XVI. n. 18. f. 2.)	idem.	—	547
subquadratus. de Mars. (pl. XVI. n. 18. f. 3.)	Yucatan.	—	548

Margarinotus. de Mars. 1853, 549.

scaber. Fabr. (pl. XVI. n. 19.)	Esp. Portug. Alg.	53	552

Hister. L. 1854, 161.

abbreviatus. Fabr. (pl. VIII. f. 82.)	Etats Unis.	54	283
abyssinicus. de Mars (pl. VII. f. 39.)	Abyssinie.	—	222
aequatorius. de Mars. (pl. VII f. 43.)	Guinée. Sénég.	—	227
aequistrius. de Mars. (pl. X. n. 20. f. 118.)	Madagascar.	—	589
afer. Payk.	Guinée.	—	592
americanus. Payk. (pl. X. n. 20. f. 138.)	Etats Unis.	—	575
amplicollis. Erichs (pl. VII. f. 26)	Algérie. Espagne.	—	208
arabicus de Mars. (pl. VIII. f. 66.)	Arabie.	–	263
arcuatus. Say. (pl. VII. f. 62.)	Etats Unis.	—	258
arcuatus. Kolenati.	Caucase.	57	163
assamensis. de Mars. (pl. X. n. 20. f. 114.)	Indes orient.	—	409
atramentarius. Suffr.	Lac Baikal.	—	158
Baconi. de Mars. (pl. VI. f. 19.)	Inde bor.	54	198
bengalensis. Wiedem. (pl. VI. f. 5.)	Bengale.	—	182
2-fidus. Say. pl. VIII. f. 83.)	Etats Unis.	—	284
2-frons. de Mars. (pl. IX. f. 116.)	Inde.	—	545
2-maculatus L. (pl. X. n. 20. f. 142.)	Tout le Globe.	—	582
2-notatus. Erichs. (pl. IX. f. 96.)	Europe mer. occ.	—	303
2-plagiatus Le Conte. (pl. IX. f. 119.)	Etats Unis.	—	552
2 punctatus. Payk. (pl. IX. f. 121.)	Algérie.	—	555
2-pustulatus. Fabr. (pl. X. n. 20. f. 141.)	Pondich. Ceylan.	—	581
bisquinquestriatus. Germ.	Amérique.	—	309
bissexstriatus. Fabr. (pl. IX. f. 136.)	Europe.		572
bolivianus. de Mars. (pl. VII. f. 51.)	Bolivie.	—	235
brunnipes. Erichs. (pl. VIII. f. 77.)	Mexique.	—	277
cadaverinus. Ent. Hefte. (pl. VIII. f. 87.)	Europe.	—	291
caffer. Erichs. (pl. VI. f. 10)	C. d. b. Esp. Caffr.	—	188
calabaricus. de Mars. (pl. X. n. 20. f 46'.)	Vieux Calabar.	57	415
californicus. de Mars. (pl. IX. f. 115.)	Californie.	54	544
caliginosus. Steph.	Londres.	—	311
capicola. de Mars. (pl. VII. f. 37.)	C. d. bonn. Esper.	—	220
carbonarius. Illig. (pl. IX. f. 107.)	Europe.	—	534
cavifrons. de Mars. (pl. VIII. f. 69.)	Etats Unis. Carac.	—	267
chinensis. Quensel. (pl. VI. f. 12.)	Chine Inde. Manill.	—	190
civilis. Le Conte. (pl. IX. f. 134.)	Etats Unis.	—	570
coelestis. de Mars. (pl. X. n. 20. f. 59'.)	Chine.	57	416

---

[79] Dans les Errata 1833 Mr. Aubé dit, que c'est le H. pygmaeus Payk. Selon Mr. de Marseul il appartient au genre Dendrophilus Leach.

---

[80]) C'est le H. Peyroni de Mars. Sous la figure est imprimé H. cylindricus Peyron, mais Mr. Peyron change ce nom, parce qu'il était déjà employé.

16-striatus. Say. (pl. VIII. f. 84.)	Etats Unis.	1854	285
semigranosus. de Mars. (pl. VII. f. 28.)	Inde.	—	210
semiplanus. de Mars. (pl. VII. f. 54.)	Sénégal.	––	239
Sennevillii. de Mars. (pl. X. n 20. f. 119'.)	Californie.	57	422
sepulchralis. Erichs. (pl. IX. f. 130.)	Autriche. Hongrie.	54	565
servus. Erichs. (pl. IX. f. 126.)	Antilles.	—	561
6-striatus. Le Conte. (pl. VIII. f. 86.)	Amerique bor.	—	290
sibiricus. de Mars. (pl. IX. f. 98.)	Sibérie. Daurie.	—	305
sinuatus. Illig. (pl. IX. f. 120.)	Europe. Algérie.	—	553
smyrnaeus. de Mars. (pl. IX. f. 101.) [81]	Smyrne.	—	308
sordidus. Aubé.	Espagne mer.	50	322
idem.	id.	54	577
spinipes. de Mars. (pl. VI. f. 20.)	Sérégal.	—	199
spretus. Le Conte. (pl. VIII. f. 72.)	Etats Unis.	—	271
squalidus Erichs.	Chine.	—	576
stercorarius. Ent. Hefte. (pl. IX. f. 117.)	Europe.	—	546
striolatus. de Mars. (pl. VI. f. 21.)	Sénégal.	—	200
stygicus. Le Conte. (pl. IX. f. 94.)	Etats Unis.	—	301
subsulcatus. de Mars. (pl. VII. f. 38.)	Sénég. C. d. b. Esp.	—	221
terricola. Germ. (pl. VIII. f 89.)	Suisse. Allem.	—	294
teter. Truqui. (pl. II. n. II. f. 1.)	Nice.	52	62
idem (pl. VIII. f. 63.)	Suisse. Piemont.	54	259
thibetanus. de Mars. (pl. X. n. 20. f. 29'.)	Assam.	57	412
thoracicus. Payk.	Amerique bor.	54	243
torquatus. de Mars. (pl. X. n. 20. f. 146.)	Inde.	—	587
torridus. de Mars. (pl VII. f. 46.)	Sénégal	—	230
3-striatus. de Mars. (pl. IX. f. 133.)	C. d bonn. Esper.	—	569
tropicalis. de Mars. (pl. VII. f. 34.)	Sénégal.	—	217
tropicus. Payk. (pl. VII. f. 41.)	Nubie Guinée.	—	225
uncostriatus. de Mars. (pl. IX. f. 105.)	Espagne. Portug.	––	532
unicolor. L (pl. VIII. f. 64.)	Europe.	—	261
validus. Erichs. (pl VI. f. 2.)	Caffr. Sénég. Sennaar.	—	171
ventralis. de Mars. (pl. IX. f. 108.)	France.	—	535
viduus. Fahr.	Caffrérie.	—	247
vilis. Fahr.	id.	—	245
Epierus. Erichs. 1854. 671.			
alutaceus. de Mars. (pl. X. n. 21. f. 15.)	Venezuela.	54	694
Antillarum. de Mars. (pl. X. n 21. f. 21.)	Antilles.	—	700
arciger de Mars. (pl. X. n. 21. f. 5.)	Venezuela.	—	684
bisbistriatus. de Mars. (pl. X. n. 21. f. 8.)	Brésil.	—	687
brunnipennis. de Mars. (pl. X. n. 21. f. 18.)	N. Grenade.	—	697
comptus. Illig. (pl. X. n. 21. f. 20.)	Autriche.	—	699
coproides. de Mars. (pl. X. n. 21. f. 4.)	Amerique bor.	—	682
frater. de Mars. (pl. X. n. 21. f. 11.)	Mexique.	—	690

---

[81] Voyez aussi une remarque de Mr. Peyron 1857 p. CIX.

fulvicornis. Fabr. (pl. X. n. 21. f. 26.)	N. Grenade.	1854	706
hastatus. de Mars. (pl. X. n. 21. f. 6.)	id.	—	685
lucas. de Mars. (pl. X. n. 21. f. 2.)	Caracas.	—	681
incultus. de Mars. (pl. X. n. 21. f. 23.)	Mexique.	—	703
intermedius. de Mars. (pl. X. n. 21. f. 12.)	Guatemala.	—	691
levistrius. de Mars. (pl. X. n. 21. f. 7.)	N. Grenade.	—	686
longulus. de Mars. (pl. X. n. 21. f. 24.)	Yucatan.	—	704
luceus. de Mars. (pl. X. n. 21. f. 10.)	Caracas.	—	689
lucidulus. Erichs. (pl. X. n. 21. f. 16.)	Amér. centr. et. mer.	—	695
mundus. Erichs. (pl. X. n. 21. f. 1.)	Cayenne. Brésil.	—	680
nigrellus. Say. (pl. X. n. 21. f. 13.)	Etats Unis.	—	692
planulus. Erichs. (pl. X. n. 21. f 22.)	Caracas. Californie.	—	702
pulicarius. Erichs. (pl. X. n. 21. f. 25.)	Etats Unis. mer.	—	705
retusus. Illig. (pl. X. n. 21. f. 9.)	Toscane. Styrie.	—	688
rubellus. Erichs. (pl. X. n. 21. f. 27.)	N. Grenade.	—	707
russicus. de Mars. (pl. X. n. 21. f. 19.)	Georgie.	—	698
tersus. Erichs. (pl. X. n. 21. f. 3.)	Brésil.	—	682
vicinus. Le Conte. (pl. X. n. 21. f. 14.)	Californie.	—	693
Waterhousii. de Mars. (pl. X. n. 21. f. 17.)	St. Domingue.	—	696

Carcinops. de Mars. 1855,83. v. n. [83])

conjunctus. Say. (pl. VIII. n. 22. f. 2.)	Etats Unis. Caracas.	55	89
consors. Le Conte. (pl. VIII. n. 22. f. 1.)	Mexique. Californ.	—	88
corticalis. Le Conte.	Californie	57	126
delicatulus. Fahr.	Caffrérie.		164
dominicanus. de Mars. (pl. VIII. n. 22. f. 10.)	St. Domingue.	55	97
madagascariensis. de Ms. (pl. VIII. n. 22. f. 12.)	Madagascar.	—	99
minimus. Aubé. (pl. VIII. n. 22. f. 3.) v. n. [82])	Europe.	—	90
misellus. de Mars. (pl. VIII. n. 22. f. 8.)	Guatemala.	—	95
plebejus. de Mars. (pl. VIII. n. 22. f. 11.)	C. d bonn. Esper.	—	98
pumilio. Erichs. (pl. VIII. n. 22. f. 4.)	Tout le globe.	—	91
tantillus. de Mars. (pl. VIII. n. 22. f. 6.)	Caracas.	—	93
tenellus. Erichs. (pl. VIII. n. 22. f. 7.	Caracas. N. Grenad.	—	94
troglodytes. Payk. (pl. VIII. n. 22. f. 5.)	S. Dom. N. Gren. Cub.	—	92
viridicollis. de Mars. (pl. VIII. n. 22. f. 9.)	Mexique.	—	96

Paromalus. Erichs. 1855,100.

aequalis. Say. (pl. VIII. n. 23. f. 2.)	Etats Unis. Texas.	55	108
affinis. Le Conte. (pl. VIII. n. 23. f. 1.)	id.	—	107
2-striatus. Erichs. (pl. VIII. n. 23. f. 8.)	Etats Unis. Mexiq.	—	114
complanatus. Illig. (pl. VIII. n. 23. f. 3.)	France. Allem. Suisse.	—	109
convexus. de Mars. (pl. VIII. n. 23. f. 11.)	Venezuela.	—	118
didymus. de Mars. (pl. VIII. n. 23. f. 5.)	Caracas.	—	111
exiguus. Fahr.	Caffrérie.	—	121
flavicornis. Payk.	France.	54	92
flavicornis. Herbst. (pl. VIII. n. 23. f. 10.)	pl. part. d. l'Europ.	55	117
intimus. de Mars. (pl. VIII. n. 23. f. 6.)	Caracas.	—	112

minimus. Aubé. [82])	Algér. Europe mer.	1850	322
oceanitis. de Mars. (pl. VIII. n. 23 f. 4.)	Manille.	55	110
opuntiae. Le Conte. [83])	Californie.	—	100
parallelepipedus. Herbst. (pl. VIII. n. 23. f. 9.)	France. Allem. Suisse.	—	116
productus. de Mars. (pl. VIII. n. 23. f. 7.)	N. Grenade. Cuba.	—	113
Rouzeti. Fairm. [84])	France.	49	421
seminulum. Erichs. (pl. VIII. n. 23. f. 12.)	Etats Unis. Mexiq.	55	120
Monoplius. de Mars. 1855,122.			
inflatus. de Mars. (pl. VIII. n. 24.)	C. d. bonn. Esper.	55	124
Coelocraera. de Mars. 1857,426.			
costifera. de Mars. (pl. XI. n. 34. bis.)	Vieux Calabar.	57	430
Pelorurus. de Mars. 1855,125. [85])			
bruchoides. de Mars. (pl. VIII. n. 25.)	Sénégal.	55	128
Scapomegas. de Mars. 1855,129.			
auritus. de Mars. (pl. IX. n. 26. f. 1.)	Cayenne.	55	132
gibbus. de Mars. (pl. IX. n. 26. f. 2.)	Brésil.	—	132
Notodoma. de Mars. 1855,133.			
globatum. de Mars. (pl. IX. n. 27.)	Indoustan.	55	136
Dendrophilus. Leach. 1855, 146.			
minutus. Fahr.	Caffrérie.	57	165
punctatus. Herbst. (pl. IX. n. 30. f. 1.)	pl. part. d. l'Europe.	55	148
punctulatus. Say. (pl. XI. n. 30.)	Etats Unis.	57	435
pygmaeus. L. (pl. IX. n. 30. f. 2.) v. n. [79])	pl. part. d. l'Europe.	55	150
sulcatus. Motsch.	Mingrelie.	57	166
Tribalus. Le Conte. 1855, 151.			
agrestis. de Mars. (pl. IX. n. 31. f. 1.)	Sénégal.	55	155
capensis. Payk, (pl. IX. n. 31. f. 2.)	C. d. b. Esp. Caffr.	—	156
minimus. Rossi. (pl. IX. n. 31. f. 4.)	Dalm. Toscan. Suisse.	—	158
mixtus. de Mars. (pl. XI. n. 31.)	C. d. bonn. Esper.	57	437
scaphidiformis. Illig. (pl. IX. n. 31. f. 3.)	Algérie. Portug.	55	157
S. g. Coerosternus. Le Conte. 1855, 159.			
americanus. Le Conte. (pl. IX. n. 31. f. 5.)	Etats Unis.	55	159
laevigatus. Payk. (pl. IX. n. 31. f. 6.)	Et. Unis. Yucat. N. Gren.	—	161
Sphaerosoma. de Mars. 1855, 162.			
ovum. de Mars. (pl. IX n. 32.)	Madagascar.	55	164
Hetaerius. Erichs. 1855. 137.			
brunnipennis. de Mars. (pl. XI. n. 28. f. 2.)	Etats Unis.	57	433
punctulatus. Lucas.	Algérie.	55	B. 4

---

[82]) C'est le Carcinops minimus Aubé.

[83]) Selon Mr. de Marseul l. c. cette espèce appartient au genre Carcinops.

[84]) C'est le Phelhister Rouzeti Fairm.

[85]) l. c. est imprimé Pelorus de Mars., mais 1857 p. 494 l'auteur change ce nom.

punctulatus. Luc. (pl. XI. n. 28. f. 1.) [86]	Algérie.	1857	432
quadratus. Kugel. (pl. XX. n. 28. [87]	France. Belg. Autr.	55	140
Dimerocerus. Coquerel. 1858, XC. et 788.			
sociator Coquerel.	Algérie.	58	B. 90
idem. (pl. XVI. f. 8.)	id.	—	790
Eretmotus. de Mars. 1855, 141.			
Lucasii. de Mars. (pl. XX. n. 19.)	Algérie.	55	144
Saprinus. Erichs. 1855. 327.			
aegyptiacus. de Mars. (pl. XVIII. f. 78.)	Egypte.	55	455
aemulus. Illig (pl. XIX. f. 129.)	France m. Portug.	—	687
aeneicollis. de Mars. pl. XVII. f. 56.)	Mexique.	—	424
aeneus. Fabr. (pl. XVII. f. 43.)	Europe. Syrie.	—	413
aeratus. Erichs.	Bouchara.	—	737
algericus. Payk. (pl. XVII. f. 42.)	Europe m. Algérie.	—	405
alienus. Le Conte.	Californie.	—	742
amoenus. Erichs. (pl. XIX. f. 124.)	Europe mer.	—	681
antiquulus. Illig.	Autriche.	—	732
apricarius. Erichs. (pl. XX. n. 33. f. 158.	Sicile. Cors Afr. sept.	—	725
arenarius. de Mars. (pl. XIX. f. 132.)	Autriche.	—	691
areolatus. Fahr. (pl. XVIII. 72.)	Caffrérie.	—	447
arrogans. de Mars. (pl. XVIII. f. 105.)	Venezuela.	—	487
assimilis. Payk. (pl. XVII. f. 60.)	Amérique sept.	—	431
aterrimus. Erichs.	Brésil.	—	738
atronitidus. Blanch. (pl. XVIII. f. 102.)	id.	—	483
auricollis. de Mars. (pl. X. f. 31.)	Iles Philippines.	—	390
azurescens. de Mars. (pl. XVII. f. 55.)	Amérique. mer.	—	423
azureus. Sahlb. (pl. XVII. f. 57.)	Brésil.	—	426
barbipes. de Mars. (pl. XI. n. 33. f. 150'.)	Californie.	57	448
bicolor. Fabr. (pl. XVII. f. 66.)	Arab. Caffr. C. d. b. E.	55	439
bigemmeus Le Conte. (pl. XIX. f. 144.)	Californie.	—	707
2-guttatus. Stéven. (pl. X. f. 11.)	Russ. m. Cauc. Turc.	—	367
2-partitus. Motsch.	Carthagène.	—	752
2-signatus. Solier. (pl. X. f. 13.)	Amérique mer.	—	369
bistrigifrons. de Mars. (pl. XX n. 33. f. 161.)	Mexique.	—	729
Blauchardi. de Mars. (pl. X. f. 12.)	Patagon. Chili.	—	368
Blanchii. de Mars. (pl. XVIII. f. 83.)	Syrie. Egypte.	—	461
blandus. Erichs. (pl. XVIII. f. 95.)	N. Grenade. Brésil.	—	475
Blissonii. de Mars. (pl. XVIII. f. 77.)	Caracas.	—	454
bonariensis. de Mars. (pl. XVII. f. 59.)	Buenos Ayres.	—	429
Boudista. de Mars. (pl. XI. n. 33. f. 132'.)	Indes orient.	57	446

---

[86] Mr. de Marseul propose 1857 p. 433 pour cette espèce le nom H. cavisternus.

[87] Dans le catalogue de Mr. de Marseul (1857 p. 496) cette espèce est nommé H. sesquicornis Preyssl.

brasiliensis. Payk. (pl. XX. n. 33. f. 159.)	Montevideo. Urug.	1855	726
breviusculus. Fahr.	Caffrérie.	—	757
brunnivestis de Mars. (pl. XVIII. f. 74.)	Sénégal.	—	449
Buqueti. de Mars. (pl. XIX. f. 136.)	Sénégal. C. d. b. Esp.	—	696
campechianus. de Mars. (pl XVIII. f. 94.)	Yucatan.	—	474
canalistrius. de Mars. (pl. XVIII. f. 91.)	Cayenne?	—	471
Cavalieri. de Mars. (pl. XVIII. f. 75.)	Cuba.	—	452
chalcites. Illig. (pl. XVIII. f. 7 .)	Bords d. l. Mediterr.	—	445
chiliensis. de Mars. (pl. XIX. f 117.)	Chili.	—	500
ciliatus. Le Conte.	Californie.	—	746
coerulescens. Le Conte.	id.	—	748
concinnus Motsch. (pl. XVII. f. 39.)	Russ. m. Cauc. Sibér	—	400
conformis. Le Conte. (pl. XVIII. f. 103.)	Amerique. bor.	—	484
conjungens. Payk. (pl. XIX. f. 135.)	Europe. Afrique. sept.	—	694
connectens. Payk. (pl. XVII. f. 61.)	Brésil.	—	452
consputus. de Mars. (pl. XIX. f. 145.)	Mexique.	—	708
convexiusculus. de Mars. (pl. XIX. f. 111.)	Amerique sept.	—	494
corsicus. de Mars. (pl. XIX f. 130.)	Corse.	—	688
crassipes. Erichs. (pl. XX. n. 33. f. 152.)	Europe mer.	—	717
crenatipes. Solier.	Chili	—	753
cribellatus. de Mars. pl. XVII. f. 69.)	Russ. mer.	—	442
cruciatus. Fabr. (pl. X. f. 1.)	Afrique sept. Sénég.	—	354
cubaecola. de Mars. (pl. XVIII. f. 88.)	Cuba.	—	467
cupratus. Kolenati.	Arménie.	57	167
cupreus. Erichs. (pl. XVIII f. 73.)	Beng. Caffr. C. d. b. E.	55	448
curtus. Rosenh	Hongrie	—	751
cyanellus de Mars. (pl. X. f. 28.)	Australie.	—	387
cyaneus Fabr. (pl. X. f. 26.)	id	—	385
decoratus. Erichs. (pl. X. f. 14.)	Perou Boliv Chili.	—	370
dentipes. de Mars. (pl. XX n. 33 f. 160.	Mexique.	—	728
deserticola. de Mars. (pl XX. n. 33. f. 151.) [88]	Amerique sept.	—	715
desertorum. Le Conte. (pl. XI. n. 33. f. 85'.)	id.	57	442
detersus. Illig. (pl. X. f. 35.)	Bords d. l. Méditerr.	55	396
dimidiatipennis Le Conte (pl. XX. n. 33. f. 149	Amerique sept.	—	713
dimidiatus. Illig. (pl. XX n. 33. f. 162.)	Europe. m. Afriq. sept.	—	730
diptychus. de Mars. (pl. XVII. f. 52.)	Yucatan.	—	418
discoidalis. Le Conte. (pl. X. f. 18.)	Californie.	—	375
disjunctus. de Mars. (pl. XX. n. 33. f. 163.)	Madag. J. d. Mayotte.	—	731
distinguendus. de Mars. (pl. XVII. f. 68.)	Etats Unis.	—	441
elegans. Payk. (pl. X. f. 25.)	Abys. Sén. C. d. b. Esp.	—	383
elegantulus. de Mars. (pl. XIX. f. 138.)	Indes.	—	698
equestris. Erichs. (pl. X. f. 4.)	Ang. Beng. C. Vert.	—	358

---

88) l. c. est imprimé S. desertorum de Mars., mais 1857 p. 443 Mr. de
Marseul change ce nom, parce qu'il etait déja employé.

longistrius. de Mars. (pl. XIX. f. 126.)	Autriche. Hongr.	1855	684
lubricus. Le Conte. (pl. XVII. f. 46.)	Californie.	—	410
lucidulus. Le Conte.	idem.	—	749
lugens. Erichs. (pl. X. f. 34.)	Amér. sept et centr.	—	395
maculatus. Rossi. (pl. X. f. 2.)	Eur. m. Turq. d'As. Sib.	—	355
mancus. Say. (pl. XIX. f. 143.)	Etats Unis.	—	706
Marseulii. Peyron. (pl. IX. f. 12.) [89]	Caramanie.	58	410
mediocris. de Mars. (pl. XIX. f. 122.)	France mer.	55	679
Mersinae. de Mars. (pl. XI. n. 33. f. 83''.)	Syrie.	57	441
Mersinae. Peyron. (pl. IX. f. 11.) [90]	Caramanie.	58	409
metallescens. Erichs. (pl. XIX. f. 128.)	Eur. m. Algér. Syrie.	55	686
metallicus. Herbst. (pl. XX. n. 33. f. 156.)	pl. part. de l'Europe.	—	722
milium. de Mars. (pl. XVIII. f. 96.)	N. Grenade.	—	476
minutus. Le Conte. (pl. XVIII. f. 104.)	Etats Unis.	—	486
modestior. de Mars. (pl. XIX. f. 110.)	Brésil.	—	493
modestus. Erichs. (pl. VIII. f. 97.)	Brésil. Uruguay.	—	477
natalensis. Fahr.	Port Natal.	—	756
neglectus. de Mars. (pl. XIX. f. 108.)	Amérique sept.	—	491
nitidulus. Payk. (pl. XVII. f. 40.)	Eur. Afr. bor. Sib. Ind.	—	402
nitidus. Wiedem. (pl. X. f. 9.)	C. d. b. Esp. Caffrér.	—	364
obductus. Le Conte.	Californie.	—	746
obscurus. Le Conte.	idem.	—	743
optabilis. de Mars. (pl. VIII. f. 65.)	Inde.	—	438
orbiculatus. de Mars. (pl. XIX. f. 114.)	Amérique sept.	—	497
oregonensis. Le Conte. (pl. X. f. 36.)	Amér. sept. Mexiq.	—	397
ornatus. Erichs. (pl. X. f. 6.)	Russ. m. Arab. Afr. sept. Kirg.	—	360
ovalis. de Mars. (pl. X. f. 24.)	Inde. Chine.	—	382
paeminosus. Le Conte.	Californie.	—	743
pastoralis. Jacq. d. V.	Montpellier.	52	704
idem. (pl. XX. n. 33. f. 85.)	idem.	55	463
patagonicus. de Mars. (pl. XVII. f. 53.)	Patagonie. Bolivie.	—	420
patruelis. Le Conte. (pl. XX. n. 33. f. 147.)	Amérique sept.	—	711
pavidus. Erichs. (pl. XVIII. f. 101.)	Brésil. Corientes.	—	482
pectoralis. Le Conte.	Californie.	—	743
pecuinus. de Mars. (pl. XX. n. 33. f. 30bis)	Chine.	—	391
pensylvanicus. Payk. (pl. XVII. f. 63.)	Amérique sept.	—	435
perinterruptus. de Mars. (pl. X. f. 5.)	Sénég. port. C. Vert.	—	359
Pharao. de Mars. (pl. XVII. f. 38.)	Egypte. Syrie.	—	399
piceus. Payk. (pl. XIX. f. 120.)	pl. part. d. l'Europe.	—	505
placidus. Erichs.	Amérique sept.	—	739
idem. (pl. XI. n. 33. f. 108'.)	idem.	57	444

---

[89] Mr. Peyron cite comme synonym le S. Tyrius de Mars.

[90] Pour cette espèce Mr. Peyron cite comme synonym le S. Mersinae de Mars.

subvirescens. Falderm.	Caucase.	1855	736
syriacus. de Mars. (pl. XVIII. f. 90.)	Syrie.	—	469
tasmanicus. de Mars. (pl. X. f. 27.)	Australie.	—	386
tenuistrius. de Mars. (pl. XVIII. f. 80.)	Egypte.	—	458
triangulifer. de Mars. (pl. XVIII. f. 84.)	Yucatan.	—	462
trideus. Jacq. d. V.	Montpellier.	52	703
idem. (pl. XIX. f. 118.)	idem.	55	501
turcicus. de Mars. pl. XI n. 33. f. 80'.)	Turquie.	57	438
tyrius. de Mars. (pl. XI. n. 33. f. 83'.)	Syrie.	—	439
vafer. de Mars. (pl. XIX. f. 115.)	Mexique.	55	498
venustus. Erichs.	Brésil.	—	740
versicolor. de Mars. (pl. X. f. 19.	C. d. bonn. Esper.	--	376
vescus. de Mars. (pl. XVIII. f. 106.)	Texas.	—	488
vestitus. Le Conte.	Californie.	—	747
viator. de Mars. (pl. XIX. f. 116.)	Cuba.	—	499
vinctus. Le Conte	Californie.	—	746
violaceipennis. de Mars. (pl. XVII. f. 58.)	Venezuel. N. Grenad.	—	428
violaceus. Steph.	Angleterre.	—	736
virescens. Payk. (pl. XVII. f. 67.)	pl. part. de l'Europe.	—	440
viridulus. de Mars. (pl. XVIII. f. 89.)	Inde.	--	468
vitiosus. Le Conte.	Californie.	—	748
Pachylopus. Erichs. 1856, 97.			
dispar. Erichs. (pl. III. n. 34. f. 1.)	C. d. bonn. Esper.	56	100
gaudens. Le Conte.	Californie.	—	103
serrulatus. Le Conte.	idem.	—	102
sulcifrons. Mannerh. (pl. III. n. 34. f. 2.)	idem.	—	101
Teretrius. Erichs. 1856, 129.			
mozambicus. de Mars. (pl. III. n. 36. f. 5.) [9])	Madagascar.	56	138
picipes. Fabr. (pl. III. n. 36. f. 4.)	pl. part. de l'Europe.		136
pilimanus. de Mars. (pl. III. n. 36. f. 1.)	C. d. bonn. Esper.	—	134
punctulatus. Fahr.	Caffrérie.	—	140
rufulus. de Mars. (pl. III. n. 36. f. 6.)	Guatemala.	—	139
segnis. de Mars. (pl III. n. 36. f. 2.) [91]	C. d. bonn. Esper.	—	135
virens. de Mars. (pl. III n. 36. f. 3.)	Guatemala.	—	136
Xiphonotus. de Mars. 1856, 141.			
Chevrolatii. de Mars. (pl. III. n. 37.)	C. d. bonn. Esper.	56	143
Plegaderus. Erichs. 1856, 259.			
Barani. de Mars. (pl. XI. n. 38.)	Toulon.	57	449
caesus. Herbst. (pl. XI. n. 38. f. 3.)	pl. part. de l'Europe.	56	267
discisus. Erichs.	France.	54	97
idem. (pl. XI. n. 38. f. 8.)	Europe.	56	272

---

[91]) Dans le catalogue (1857. p. 511) Mr. de Mars. change le nom de T. mozambicus en Ter. Goudoti de Mars. et Ter. segnis de Mars. en T. latus de Mars.

dissectus. Erichs. (pl. XI. n. 35. f. .)	Frnce. Belg Allem. 1856		268
Otti. de Mars. (pl XI n 38. f. 6)	France.	—	271
pusillus. Rossi. (pl. XI n. 35. f. 10.)	Italie.	—	278
sanatus. Truqui. (pl. II. n. II. f. 3.)	Ile de Chypre.	52	65
idem. (pl. XI. n. 38. f. 7.)	idem.	56	272
saucius. Erichs (pl. XI. n. 38. f. 1)	pl. part. d. l'Europe.	—	264
Sayi. de Mars (pl. XI. n. 38. f. 5.)	Etats Unis?	—	269
transversus Say. pl. XI. n 38. f. 9.	Etats Unis.	—	277
vulneratus. Panz. (pl. XI. n. 38. f. 2.)	pl. part. d. l'Europe.	—	265
Glymma. de Mars. 1856, 279.			
Candezii. de Mars. (pl. XI. n. 39.)	Belgique.	56	282
Onthophilus. Leach. 1856, 549.			
affinis. Redt. (pl. XI n 40. f. 6)	Autriche.	56	561
alternatus. Say. (pl. XI. n. 40. f. 4.)	Etats Unis	—	558
costipennis. Fahr.	Caffrérie.	—	565
exaratus. Illig. (pl XI. n. 40 f. 2.)	France mer. Portug.	—	555
hispidus. Payk.	Indes orient.	—	565
nodatus. Le Conte (pl. XI n. 40. f. 3)	Etats Unis.	—	556
9-costatus. de Mars. (pl. XI. n. 40. f. 7.	Sénégal.	—	563
pluricostatus. Le Conte.	Etats Unis.	—	564
striatus. Oliv. (pl. XI n. 40. f. 5.)	Europe.	—	560
sulcatus. Fabr. (pl. XI. n. 40. f. 1.)	Europe. Algérie.	—	554
Bacanius. Le Conte. 1856, 567.			
humicola de Mars. (pl. XIV n. 41. f. 1.	Caracas.	56	570
marginatus Le Conte.	Etats Unis.	—	576
misellus. Le Conte (pl. XIV n. 41. f. 3.)	idem	—	573
punctiformis. Le Conte. (pl. XIV n 41. f. 4.)	idem.	—	574
rhombophorus. Aubé. (pl. XIV n. 41 f. 2.) v 95)	France. Allemagne.	—	571
tautillus. Le Conte.	Etats Unis.	—	575
Abraeus. Leach. 1856, 577.			
atomarius. Aubé. 92)	Fontainebleau.	42	231
consobrinus. Aubé. 93)	Iméretie.	50	323
curtulus. Fahr.	Caffrérie.	56	591
cyclonotus. de Mars. (pl. XIV n. 42. f. 2.)	Sénégal. Abyssinie.	–	584
exilis Payk.	Indes orient.	—	594
globosus. Ent. Hefte. (pl. XIV. n. 42. f. 6.)	pl. part. d. l'Europe.	—	588
globulus. Creutz. (pl. XIV. n. 42. f. 5.)	idem.	—	587
granulum. Erichs. (pl. XIV. n. 42. f. 7.)	Frnce. Allem. Suisse.	—	589
monilis. Fahr.	Caffrérie.	—	593
paria. de Mars. (pl. XIV. n. 42. f. 3.)	Indes orient.	—	585
parvulus. Aubé.	Fontainebleau.	42	232

---

92) C'est l'Acritus atomarius Aubé.

93) C'est l'Acritus consobrinus Aubé. Dans le catalogue (1857. p. 514) Mr. de Marseul cite cette espèce entre les espèces douteuses du genre Bacanius.

parvulus. Aubé. (pl. XIV. n. 42. f. 8.)	France. Allem.	1856	590
punctum. Aubé. [94])	Italie.	42	232
rhombophorus. Aubé. (pl. I. n. IV. f. 2.) [95])	Paris.	43	75
rugicollis. de Mars. (pl. XIV. n 42. f. 1.)	C. d. bonn. Esper.	56	583
setulosus. Fahr.	Port Natal.	—	592
sphaericus. de Mars. (pl. XIV. n. 42. f. 4.)	N. Grenade.	—	586

Acritus. Le Conte. 1856, 595.

acaroides. de Mars. (pl. XIV. n. 43. f. 18.)	Etats Unis.	56	618
aciculatus. Le Conte. (pl. XIV. n. 43. f. 2.)	idem.	—	603
acupictus. de Mars. (pl. XIV. n. 43. f. 17.)	idem.	—	618
analis. Le Conte.	Cuba.	—	628
atomarius. Aubé. (pl. XIV. n. 43. f. 11.) v. [92])	Fontainebleau.	—	611
atomus. Le Conte.	Cuba.	—	628
basalis. Le Conte.	Californie.	—	626
brevisternus. de Mars (pl. XIV. n. 43. f. 9.)	Etats Unis.	—	609
conformis. Le Conte.	idem.	—	627
consobrinus. Aubé. v. n. [93])	Imérétie.	—	625
cribripennis. de Mars. (pl. XIV. n. 43. f. 5.)	Etats Unis.	—	605
discus. Le Conte.	idem.	—	627
exiguus. Erichs. (pl. XIV. n. 43. f. 3.)	idem.	—	603
fimetarius. Le Conte. (pl. XIV. n. 43. f. 14.)	idem.	—	615
fulvus. de Mars. (pl. XIV. n. 43. f. 7.)	Italie.	—	607
Gulliver. de Mars. (pl. XIV. n. 43. f. 23.)	Haïti.	—	623
laeviusculus. de Ms. (pl. XIV. n. 43. f. 22.)	Caracas.	—	622
lateralis. de Mars. (pl. XIV. n. 43. f. 21.)	Etats Unis.	—	621
maritimus. Le Conte.	Californie.	—	626
minutus. Herbst. (pl. XIV. n. 43. f. 13.)	Europe.	—	614
Natchez. de Mars. (pl. XIV. n. 43. f. 4.)	Louisiane.	—	604
nigricornis. Ent. Hefte. (pl. XIV. n. 43. f. 12.)	pl. part. d. l'Europe.	—	612
obliquus. Le Conte.	Etats Unis.	—	626
politus. Le Conte. (pl. XIV. n. 43. f. 10.)	idem.	—	610
punctum. Aubé. (pl. XIV n. 43. f. 8.) v. n. [94])	France m. Italie	—	607
rugulosus. de Mars. (pl. XIV. n. 43. f. 16.)	Caracas.	—	617
seminulum. Kuest.	Montenegro.	—	624
simplex. Le Conte. (pl. XIV. n. 43. f. 20.)	Etats Unis.	—	620
simpliculus. de Ms. (pl. XIV. n. 43. f. 15.)	Caracas.	—	616
strigosus. Le Conte. (pl. XIV. n. 43. f. 19.)	Etats Unis.	—	619
substriatus. de Mars. (pl. XIV. n. 43. f. 1.)	Guatemala.	—	602
tenuis. de Mars. (pl. XIV. n. 43. f. 6.)	Carac. N. Grenad.	—	606

---

[94]) Selon Mr. Aubé 1850 p. 324, c'est le Tribalus minimus Rossi. Selon Mr. de Marseul c'est un Acritus.

[95]) C'est le Bacanius rhombophorus Aubé.

XV. Phalacrides.

Phalacrus. Payk.
maximus. Fairm.   Madrid.   1852   77
Orthoperus. Steph.
piceus. Steph. (pl. XIV. n. V. f. 30—32.) [56]) Dep. des Landes.   52   590
Moronillus. Jacq. d. V. 1854, XXXVIII.
ruficollis. Jacq. d. V.   Montpellier.   54 B, 38

XVI. Nitidulaires.

Brachypterus. Kugel.
vestitus. Kiesenw.   Pyrenées orient.   51   578
Carpophilus. Leach.
6-pustulatus. Fabr.   France.   53   596
Ipidia. Erichs.
lata. Aubé.   Iméretie.   50   328
Phantazomerus. Jacq. d. V. 1854, XXXVII. [57])
aeneiceps. Jacq. d. V.   Montpellier.   54 B. 38
Cryptarcha. Schuck.
punctatissima. Boield.   Sicile.   59   468
Ips. Fabr.
ferruginea. L.   France.   53   599
Rhizophagus. Herbst.
depressus. Fabr.   France.   53   604

XVII. Trogositaires.

Temnochila. Erichs.
coerulea. Oliv.   France.   53   609

XVIII. Colydiens.

Corticus. Dej.
foveolatus. Erichs. (pl. VII. n. III. f. 2.)   Sicile.   48   171
Ditoma. Illig.
crenata. Fabr.   France.   53   615
Aulonium. Erichs.
bicolor. Herbst.   France.   53   613

---

[56]) Mr. Perris (l. c.) dit, que c'est probablement l'Olibrus piceus Steph. du Catalogue de Mr. Gaubil. Voyez aussi une notice sur l'Orth. atomus Gyll. par Mr. Peyron 1857. p. CXIV.

[57]) Mr. Jacquelin du Val annonce 1857 p. 97, que ce genre est synonym du genre Cybocephalus Erichs. et que l'espèce est le Cyb. pulchellus Erichs.

Catharitus. Reiche. 1854, 77.
cassiae. Reiche.   Marseill. Cuba. Mexiq. 1854   78
Philothermus. Aubé. 1843, 93.
Montandoni. Aubé. (pl. IV. n. II.)   Paris.   44   94
Cerylon. Latr.
histeroides. Fabr.   France.   53 618

XX. Cucujipes.

Brontes. Fabr.
planatus. L.   France.   53 626
Laemophloeus. Dej.
Dufourii. Laboulb.   France.   48 297
 idem.   idem.   53 621
fractipennis. Motsch.   Georgie mer.   48 299
hyperbori. Perris.   Dep. des Landes.   55 B. 77
Paediacus. Schuck.
costipennis. Fairm. (pl. III. f. 7.)   Sicile.   52   78
Psammaechus. Boudier. 1834, 368
2-punctatus. Boudier. (pl. VII. B.)   Versailles.   34 370
Silvanus. Latr.
unidentatus. Fabr.   France.   53 632

XXI. Cryptophagides.

Cryptophagus. Herbst.
dentatus. Herbst.   Dep. des Landes.   52 580
Paramecosoma. Curtis.
abietis. Payk.   France   53 638

XXII. Lathridiens.

Langelandia. Aubé. 1842. 227.
anophthalma. Aubé. (pl. IX. f. 2 — 6.) France.   42 228
Monotoma. Herbst. 1837, 454.
americana. Guérin. (pl. XVII. f. 5.)   Etats Unis.   37 461
angusticollis. Gyll. (pl. XVII. f. 2.) France.   —   457
brevicollis. Aubé. (pl. XVII. f. 4.)   idem.   —   460
conicicollis. Guérin. (pl. XVII. f. 1.) idem.   —   455
longicollis. Gyll. (pl. XVII. f. 8.)   Europe sept.   —   467
picipes. Herbst. (pl. XVII. f. 3.)   France.   —   458
punctaticollis. Aubé. (pl. I. n. IV. f. 1) Paris.   43   75
quadricollis. Aubé. (pl. XVII. f. 7)   France.   37 465
4-foveolata. Aubé (pl. XVII. f. 9.)   Compiègne.   —   468
spinicollis. Aubé. (pl. XVII. f. 6.)   idem.   —   463

Holoparamecus. Curtis. v. n. [97])
Panckeuckii. Guérin. [98])	France.	1844	B. 5

Calyptobium. Villa. 1843, 242.
caularum Aubé (pl X. n. 1. f. 2, 5—10)	France.	43	244
Kunzei. Aubé. (pl. X. n. 1. f. 4.)	Brésil.	—	245
nigrum. Aubé. (pl. X. n. 1. f 3.)	Sicile.	—	246
Villae. Aubé (pl. X. n. 1. f 1.) [99])	Milan.	—	243

Merophysia. Lucas. 1852, XXIX.
formicaria. Lucas.	Algérie.	52	B. 29

Lathridius. Herbst.
cordaticollis. Aubé.	Paris. Maus.	50	332
elegans. Aubé	Paris.	—	334
filum. Aubé.	Algérie.	—	334
Généi. Aubé.	Sardaigne.	—	333
minutus. L.	Dep. des Landes.	52	585

Corticaria. Marsh.
crassiuscula. Aubé.	Iméretie.	50	331
pubescens. Illig.	Dep. des Landes.	52	587

Myrmechixenus. Chevrol.
picinus. Aubé.	Corse. Algérie.	50	330
vaporariorum. Guérin. (pl. II. n. 1.)	Paris.	43	70

XXIII. Mycetophagides.

Diphyllus. Dej.
fagi. Aubé.	Paris.	50	329
frater. Aubé.	Sardaigne.	—	330

XXIV. Thorictides.

Thorictus. Germ. 1857, 698.
castaneus. Germ	Syrie. Egypte. Nubie.	57	701
dimidiatus. Peyron	Caramanie.	—	707
gallicus. Peyron.	France mer.	—	713
grandicollis. Germ.	Algérie. Europe m.	—	709
laticollis. Motsch. [100])	Cauc. Turquie asiat.	—	712
loricatus. Dej.	Espagne.	—	710
mauritanicus. Lucas.	Algér. Sicile. Espagne.	—	703
orientalis. Peyron.	Caramanie.	—	706

---

[98]) C'est le Calyptobium caularum Aubé v. 1841. p. X.

[99]) Mr. Guérin annonce 1844 p. V, que le genre Calyptobium Villa est synonyme du genre Holoparamecus Curtis et que le C. Villae Aubé est le H. depressus Curtis.

[100]) Mr. Motschulsky donne 1859 p. CCVI à cette espèce le nom Th. Peyronis, parce qu'elle n'est pas son Xylonotrogus laticollis.

pilosus. Peyron.	Caramanie.	1857	702
puncticollis. Lucas.	Algérie.	—	705

XXV. Dermestins.

Dermestes. L.

mustelinus. Erichs.	France.	53	643

Telopes. L. Redt. 1857, 719. [101])

dispar. L. Redt.	Syrie.	57	721
maritimus. Géné.	Sardaigne.	—	720
obtusus. Gyll.	Portug. Piemont. Allem.	—	721
Redtenbacheri. Peyron	Caramanie.	—	720

Megatoma. Herbst.

serra. Fabr.	France.	46	342

Hadrotoma. Erichs.

fasciata. Fairm. et Bris.	Paris.	59	45

Anthrenus. Geoffr.

albidus. Dej.	Marseille.	57	722
delicatus. Kiesenw.	Mont Serrat.	51	579
molitor. Aubé.	Crête.	50	335
museorum. L.	Europe.	43	B. 29

XXVI. Byrrhiens.

Byrrhus. L.

auromicans. Kiesenw.	Mont St. Pierre.	51	582
bigorrensis. Kiesenw.	Bigorre.	—	581
lobatus. Kiesenw.	Pyrenées.	—	580
Suffriani. Kiesenw.	id.	—	580

Morychus. Erichs.

modestus. Kiesenw.	Pyrenées centr.	51	583

Limnichus. Ziegl.

incanus. Kiesenw.	Catalogne.	51	584

Chelonarium. Fabr. 1834, 136.

XXVII. Géoryssins.

Georyssus. Latr.

pimeloides. Fairm.	Espagne mer.	59	45

XXVIII. Parnides.

Parnus. Fabr.

hydrobates. Kiesenw.	Mont Serrat.	51	585

---

[101]) Mr. Peyron cite ce genre comme sousgenre d'Attagenus Latr.

puberulus. Reiche et Saulcy.	Jourdain.	1856	368
striatellus. Fairm et Bris.	Marly.	59	46

XXIX. Hétérocérides.

Heterocerus. Fabr.

arragonicus. Kiesenw. (pl. XI. f. 8.) [102]	Perpignan.	51	586
fossor. Kiesenw. [103]	France.	53	456
idem. var.	Algérie	49	B. 89
marginatus. Fabr. [103]	France	52	457

XXX. Pectinicornes. [104]

Pholidotus. M. Leay.

Dejeanii Buq.	Brésil.	41	B. 21

Chiasognathus. Steph. 1850, 267.

Jousselinii Reiche.	Chili	50	268

Sphaenognathus. Burm. 1850, 267.

Streptoceros. Dej. 1850, 53

speciosus. Dej. (pl. I. n. II.)	Chili.	50	55

Lucanus Scopol.

serraticornis. Fairm.	Corse.	59	275

Anoplocnemus. Hope.

bicolor. Oliv.	Siam. Ava.	53	74
Delessertii. Guérin.	Inde.	—	74
gazella. Fabr.	Chine.	—	74

Dorcus. M. Leay.

Lessonii. Buq. (pl. XII. n. 1. f. 1.)	Chili.	42	283
Luxerii. Buq.	Colombie.	43	B. 51
musimon. Géné.	Sardaigne.	36	B. 3
Peyronis. Reiche et Saulcy. (pl. XII. f. 9.)	Syrie. Caramanie.	56	407

Hexaphyllum. Gray.

aequinoctiale. Buq.	Colombie.	40	375

Ptilophyllum. Guérin. 1845, XCVII.

Godeyi. Guérin.	N. Zelande.	45	B. 97

XXXI. Lamellicornes. [105]

Mnematium. M. Leay. 1842, 91.

Ritchii. M. Leay. (pl. VI. f. 8.)	Afrique bor.	42	93

---

[102] Mr. de Kiesenwetter donne de cette espèce seulement la figure et le citat de la description.

[103] Selon Mr. Dufour on doit reduire toutes les espèces de ce genre à ces deux.

[104] Voyez les notes synonymiques sur les Pectinicornes du 5ème vol de l'Handbuch der Entomologie de M. Burmeister par Mr. Reiche 1853 p. 67—86.

[105] Voyez les notes synonymiques sur les Lamellicornes xylophiles du

Pachysoma. Kirby. 1842, 87

Aesculapius. Oliv. (pl. VI. f 7.)	C. d. bonn. Esper.	1842	89

Eucranium. Dej. 1842, 81.

arachnoides. Dej (pl. VI f 5.)	Tucuman.	42	83

Glyphiderus. Westw. 1842, 85.

sterquilinus. Westw. (pl. VI. f. 6.)	Amerique austr.	42	86

Circellium. Latr. 1842, 76.

Bacchus. Fabr. pl. V. f. 4.)	C. d. bonn. Esper.	42	79

Tessarodon. Hope. 1842, 73.

Hollandiae. Fabr. (pl. V. f. 3.)	Australie.	42	75

Aulacium. Dej. 1842, 65.

carinatum. Reiche. pl. V. f. 1.)	Australie.	42	68

Copraecus. Reiche. 1842, 70.

hemisphaericus. Péron. pl. V. f. 2.)	Australie.	42	72

Pedaria. de Cast. 1832, 403.

nigra. de Cast.	Sénégal.	32	403

Enicotarsus. de Cast.

ater. de Cast.	Cayenne.	32	402
quadratus. de Cast.	Brésil.	––	403

Onitis. Fabr. [106])

Ezechias. Reiche et Saulcy.	Damas.	56	390

Onthophagus. Latr.

excisus. Reiche et Saulcy. (pl. XII. f. 7.)	Peloponèse.	56	388
ruficapillus. Brulle.	Syrie. Caram. Grèce.	—	387
tages. Oliv.			
var. consors. Friwaldsky.	Syrie.	56	386

Aulonocnemis. Klug. 1837, LXXXIX.

exarata. Klug.	Madagascar.	37	B. 89
opatrina. Klug.	id.	—	B. 89

Aphodius. Illig.

carpetanus. Graëlls. (pl. IV. n. 1. f 3.)	Espagne.	47	306
cribrarius. Brullé.	Syrie.	56	401
cylindricus. Dej.	Espagne.	—	396
dilatatus. Reiche et Saulcy. (pl. XII. f. 8.)	Peloponèse.	—	399

5ème vol. de l'Handbuch der Entomologie de Mr. Burmeister par Mr. Reiche 1859. p. 5 — 19, et les mémoires de Mr. Dr. Schaum „Observations critiques sur la famille des Lamellicornes mélitophiles, 1ère partie 1844 p. 533, et 2ème partie 1849 p. 241. Les corrections des fautes typographiques de ces 2 mémoires se trouvent 1851 p. XLVII. Mr. Dr. Schaum donne aussi 1845 p. 37 un catalogue des toutes les Melitophiles. De ce même catalogue j'ai tiré quelques fois l'indication de la patrie des espèces, décrites par Mr. Dr. Schaum.

[105]) Voyez les notes synonymiques sur les espèces de ce genre par Mr. Reiche 1856. p. XXII.

fimbriolatus. Mannerh.	Jerusalem.	1856	397
fimicola. Reiche et Saulcy.	Naplouse.	—	402
linearis. Reiche et Saulcy.	id.	—	394
suarius. Falderm.	Syrie. Grèce. Romelie.	—	392
Ammoecius. Muls.			
rugifrons. Aubé.	Algérie.	50	335
Hybalus. Dej. 1855, 544.			
angustatus. Lucas.	Turquie d'Asie.	55	558
cornifrons. Brullé.	Morée. Italie m.	—	547
dorcas. Fabr.	Algérie.	—	549
Doursii. Lucas.	id.	53	B. 22
idem.	id.	55	552
parvicornis. Lucas.	id.	—	556
tingitanus. Fairm v. n. [107]	Tanger.	—	545
tricornis. Lucas.	Algérie.	—	554
Geobius. Brullé.			
tingitanus. Fairm. [107]	Tanger.	52	84
Orphnus. M. Leay.			
Mac Leayi. de Cast.	Sénégal.	32	405
senegalensis. de Cast.	id.	—	406
Geotrupes. Latr.			
quadrigeminus. Fairm.	Grèce.	59	48
subarmatus Fairm. [108]	id.	48	172
typhaeoides. Fairm.	Tanger.	52	85
Lethrus. Scopol.			
brachiicollis. Frm (1856, pl. XVI. f. 4.) [109]	Bosphore	55	314
Trox. Fabr.			
cribrum. Géné.	Sardaigne.	36	B. 3
granulipennis. Fairm. (pl. III. f. 8.)	Tanger.	52	83
italicus. Reiche.	Rimini.	53	89
transversus. Reiche et Saulcy.	Beyrouth.	56	405
verrucosus. Klug.	Syrie.	—	404
Anthypna. Eschsch.			
Carcelii de Cast. v. n. [110]	Tivoli.	32	411
Amphicoma. Latr.			
romana. Dupch. (pl. IX. B. f. 1—3.) [110]	Lac d'Albano	33	254

---

[107] C'est le Hybalus tingitanus Fairm.

[108] Mr. Fairmaire annonce 1859 p. 47, que c'est le G. fossor Waltl et que ce dernier nom doit etre preferé. Ici Mr. Fairmaire decrit encore une fois l'espèce.

[109] Voyez quelques corrections et additions à la description de cette espèce 1856 p. 532.

[110] Mr. Duponchel annonce 1833. p. 256, que cet insecte est l'Anthypna Carcelii de Cast.

Triodonta. Muls.

cribellata. Fairm.	Corse.	1859	277

Chasmatopterus. Encycl.

Illigeri. Perris. [111])	Espagne	55	280
hispidulus. Graëlls. (pl. IV. n. 1. f. 2.)	id.	47	307
idem.	id.	55	282

Dicrania. Encycl.

flavoscutellata. de Cast.	Brésil.	32	408
hirtipes. de Cast.	?	—	409
velutina. de Cast.	Brésil.	—	409

Monocrania. de Cast. 1832, 410.

luridipennis. de Cast.	Brésil.	32	410
nigricans. de Cast.	id.	—	410

Ancistrosoma. Curtis.

farinosum. Sallé. (pl. VIII. f. 3a.)	Caracas.	49	300

Clavipalpus. de Cast. 1832, 406.

Dejeanii. de Cast.	Brésil.	32	406

Gnaphalostetha. Reiche et Saulcy. 1856, 383.

Bonvoisinii. Reiche et Saulcy. (pl.XII. f 6). Jourdain. Nazareth.		56	384

Pachydema. de Cast. [112])

Delessertii. Reiche et Saulc. (pl.XII.f.3.)[113]) Naplouse.		56	376
Doursii. Lucas.	Algérie.	59	B. 31
idem.	id.	—	459
foveola. Lucas.	id.	—	455
Hornbeckii. Lucas.	id.	—	B. 30
idem.	id.	—	452
Reichei. Ramb. (pl. XII. f. 5.) [113])	Athènes.	56	380
Saulcyi. Reiche et Saulcy. (pl. XII. f. 4.) [113]) Jourdain.		—	378
Valdani. Lucas.	Algérie.	59	B. 31
idem.	id.	—	457

Dasysterna. Ramb. 1841, 331 et 1850, 520 v. n. [112])

barbara. Dej.	Barbarie.	43	331
canariensis. Ramb.	Teneriffe.	—	331
hirticollis. Reiche. (pl. XVII. n. 1. f. 2.)	Oran.	50	523

---

[111]) Cette espèce est résulté de la réunion de Ch. villosulus Illig. et de Ch. hirtulus Illig. Voyez une note de Mr. Reiche au sujet de cette réunion 1855 p. 285, et la réponse de Mr. Perris 1855 p. LXXX.

[112]) Voyez les notes synonymiques sur les espèces de ce genre, qui est synonym du genre Dasysterna Ramb., par Mr. Reiche 1856, p. 382 et par Mr. Lucas 1859 p. 445. Mr. Reiche donne 1859 p. 642 encore quelques remarques sur les notes de Mr. Lucas.

[113]) Sous les figures des ces 3 espèces est imprimé Dasysterna, mais 1858 p. 59 Mr. Reiche corrige cette faute.

Reichei. Ramb.	Athènes.	1843	332
rubripennis. Luc. (pl. XVII. n. 1. f. 1.) v. n. [114]	Afrique sept.	50	521
unicolor. Lucas.	id.	—	525
Artia. Ramb. 1843, 332.			
carthaginensis. Ramb.	Tunis.	43	332
Monotropus. Erichs.			
angulicollis. Fairm.	Galice.	59	B.152
Rhizotrogus. Latr.			
Guyoni. Lucas.	Algérie.	57	B. 86
suturalis. Lucas.	id.	59	B. 17
Schizonycha. Dej.			
Hova. Coquerel.	J. Nossi-Bé.	52	380
Anoxia. de Cast. 1832, 407.			
africana. de Cast.	Ile de France	32	408
matutinalis. Dahl.	Pyrenées.	—	407
Elaphocera. Géné. 1836, III. et 1843, 333.			
barbara. Ramb.	Algérie.	43	350
Bedeaui. Erichs. (pl. XII. n. I. f. 1, 2.)	Espagne.	—	337
bysantica. Ramb.	Roum-Ili.	—	354
cartejensis. Ramb.	Sanroque.	—	356
churianensis. Ramb.	Malaga.	—	355
dilatata. Erichs.	Sardaigne.	—	348
gracilis. Waltl.	Macedoine. Turquie.	—	357
granatensis. Ramb.	Grenade.	—	349
hiemalis. Erichs	Macedoine.	—	345
hispalensis. Ramb.	Seville.	—	353
longitarsis. Illig	Lisbonne. Egypte?	—	344
malaceensis. Ramb.	Malaga.	—	343
mauritanica Ramb.	Algérie.	—	341
numidica. Ramb.	id.	—	343
obscura. Géné.	Sardaigne	36	B. 3
idem. (pl. XII. n. I. f. 3.)	J. de Sardaigne.	43	346
rubripennis. Lucas. [114]	Oran.	48	B. 48
sardoa. Ramb.	Sardaigne.	43	352
Pachypus. Latr. v. n. [115]			
excavatus. Fabr. (pl. VIII. f. 14,15.)	Corse. Calabre.	37	259
Coelodera. Oliv. [115]			
excavata. Dej.	Sardaigne.	36	B. 3
Anatista. de Brême. 1844. 305.			
Lafertéi. de Brême. (pl. IX. f. 1.)	N. Grenade.	44	306
Anisoplia. Megerle.			
theicola. Waga. (pl. XI. f. 9,10.)	Chine.	42	273

---

[114] Mr. Lucas place cette espèce dans le genre Dasysterna Ramb. 1850 p. 521.

[115] Mr. Géné cite comme synonym le genre Pachypus Latr.

Phyllopertha. Kirby.

deserticola. Lucas.	Algérie.	1859	B. 53

Anomala. Koeppe.

rugatipennis. Graëlls (pl. I. f. 3.)	Guadarrame.	51	13
rugosula. Fairm.	Corse.	59	276

Strigoderma. Dej.

fulgidicollis. de Brême. (pl. VIII. f. 6.)	Colombie.	44	304
insignis. de Brême. (pl VIII. f. 5.)	id.	—	305

Macraspis. M. Leay.

pretiosa. de Brême. (pl. VIII. f. 3.)	Colombie.	44	303

Rutela. Latr.

cyanitarsis. Gory. (pl. V. f. 1.)	Brésil.	33	67
gracilis. Gory. (pl. I. B. f. 1.)	id.	34	111
granulata. Gory. (pl. I. B. f. 2.)	Cayenne.	—	112

Adoretus. Eschsch.

Gandolphei. Guérin.	Algérie.	59	B. 186

Temnorhynchus. Hope.

Baal. Reiche et Saulcy.	Naplouse.	56	369

Callicnemis. de Cast.

truncatifrons. Dej.	Bayonne.	50	B. 54

Oryctes. Illig. [116]

colonicus. Coquerel. (pl. X. f. 6.)	Nossi Bé.	52	371
grypus. Illig.	Provence.	40	102
insularis. Coquerel. (pl X. f. 5.)	Madag. Bourb. Maur.	52	372
Radama. Coquerel. (pl. X. f. 1,2.)	Nossi Bé.	—	366
Ranavalo Coquerel. (pl. X f. 3.)	Madagascar.	—	368
simiar Coquer. (pl.X.f.4. et 1855 pl.X.f.1, 1a)	id.	—	369

Xenodorus. de Brême. 1844, 296.

Janus. Fabr (pl. VII f. 8,9.)	Guinée.	44	297

Golofa. Hope.

imperialis. Thoms	Mexique.	58	B. 146

Scarabaeus. L.

Hector. Gory. (pl. XIV. f. 2,3.)	Amerique mer.	36	514

Agaocephala. Mannerh.

Duponti. de Cast.	Brésil.	32	404
Goryi. de Cast.	?	—	405
Mannerheimii. de Cast.	Brésil. mer.	—	401

Lycomedes. de Brême. 1844, 298.

Reichei. de Brême. (pl. VIII. f. 1,2.)	N. Grenade.	44	299

Anthodon. de Brême. 1844, 301

Burmeisteri. de Brême. (pl. VIII. f. 4.)	Brésil.	44	302

---

[116] Mr. Dr. Laboulbène decrit 1859 p. 645 une variété du Phyllogna-
thus Silenus Fabr. et dit, que c'est tres probablement l'Oryctes cephalotes Dej.

Goliathus. Lam. [117])

Cacicus. Oliv. var	Cote d'Or.	1848	B. 51
Daphnis. Buq. (pl. II. B. f. 3,4.)	Sénégal.	35	136
Fornassinii. Bertoloni. (pl. VII. f. 1.)	Mozambique.	56	319
Grallii Buq. (pl. V. B. f. 3.)	Afrique occ.	36	201
rhinophyllus. Wied.	Java	—	203

Ceratorhina. Westw. 1844, 401.
S. g. Amaurodes. Westw. 1844, 401.

Passerinii. Westw. (pl. XI. f. 1. ♀)	Afrique austr. orient.	44	401

S. g. Ranzania. Bertoloni.

splendens. Bertoloni. (pl. VII. f. 2,3.)	Mozambique.	56	320

Coelorhina. Burm.

Thoreyi. Schaum. (pl. XI. f. 2.)	Guinée.	44	350

Heterorhina. Westw.

induta. Schaum. (pl. XI. f. 4,4a)	Port Natal.	44	404
smaragdina. Herbst.	Afrique aequin.	—	403
suavis. Schaum.	Guinée.	—	403

Dymusia. Burm.

punctata. Schoenh. (pl. XI. f. 3) [118])	Guinée.	44	

Heterosoma. Schaum. 1844, 390.

collata. Gor. et Perch. (pl.XI. f. 5.) v. u. [119])	Madagascar.	44	390

Allorhina. Burm.

Landsbergei. Sallé. (pl. XIII. n. III.)	Bogota.	57	617

Gymnetis. M. Leay.

Bomplandi. Schaum.	Paraguay.	44	406

Macronota. Hoffm.

Luxerii. Buq	Java.	36	204

Stenotarsia. Burm.

scapulata. Coquerel (pl. IX. f 7.)	Madagascar.	52	375

Parachilia. Burm.

bufo. Gor. et Perch.	Madagascar	59	240
Leroyi. Coquerel. (pl. VII. f. 1.)	Nossi Bé.	—	240
menalocola. Burm.	Madagascar.	—	239

Anochilia Burm.

republicana. Coquerel. pl. VIII. f. 2.) [119])	Nossi Bé.	48	277

Pygora. Burm.

erythrodes. Schaum.	Madagascar.	44	416

Pantolia. Burm.

ebenina. Schaum.	Madagascar.	44	415
rubrofasciata Schaum.	id.	—	415

---

[117]) Voyez une note sur les Goliathes par Mr. Dr. Schaum. 1848 p. LI.

[118]) Seulement figurée. Une petite notice se trouve 1849 pag. 244.

[119]) Voyez un mémoire, dans lequel Mr. Coquerel demontre que l'Anochilia republicana Coq. et l'Heterosoma collata Schaum sont le même insecte 1852 pag. 379.

Pogonotarsus. Burm.

Vescoi. Coquerel. (pl. IX. f. 6.)	Madagascar.	1852	376

Gnathocera. Kirby.

guttata. Oliv. (pl. V. B. f. 4.)	Afrique occid.	36	205
Petelii. Buq.	Java.	—	206

Discopeltis. Burm.

concinna. Schaum.	Sénégambie.	44	406

Phoxomela. Schaum. 1844, 407.

abrupta. Schaum.	Port Natal.	44	407

Oxythyrea. Muls.

Abigail. Reiche et Saulcy.	Beyrouth.	56	3
aeneicollis. Schaum.	Port Natal.	44	409
amabilis. Schaum.	Afrique aust. or.	—	408
idem. (pl. VIII. f. 3,4.)	Iles Comores.	48	281
costata. Lucas. v. n. [121])	Algérie.	58 B.	178
deserticola. Lucas. v. n. [121])	id.	57 B.	56
Noemi. Reiche et Saulcy. [120])	Naplouse.	56	371
Perroudii. Schaum.	Port Natal.	44	410

Enoplotarsus. Lucas. 1859. XCVIII. [121])

Leucocelis. Burm.

eustalacta. Burm. (pl. VIII. f. 5.)	Iles Comores.	48	281

Tropinota. Muls.

vittula. Reiche et Saulcy. (pl XII. f. 2.)	Beyrouth.	56	374

Aplasta. Schaum. 1844, 411. [122])

dichroa. Schaum.	Port. Natal.	44	411
lutulenta. Schaum.	id.	—	412

Protaetia. Burm.

Bremii. Schaum.	Manille.	44	413

Pachnoda. Burm.

histrio. Fabr.	Arabie.	44	414

Diplognatha. Gor. et Perch.

Blanchardi. Schaum.	Abyssinie.	44	417

Macroma. Gor. et Perch.

2-lineata. Buq.	Sénégal.	36	207
nigripennis. Schaum. (pl. XI. f. 7.) [123])	Chine.	44	
sulcicollis. Schaum. (pl. XI. f. 6.)	Guinée.	—	394

Ptychophorus. Schaum.

fluctiger. Schaum.	Sénégambie.	44	418

---

[120]) Mr. Motschoulski pretend 1859 p. CCVI que cette espèce est la Cetonia albopicta Motsch. La reponse de Mr. Reiche à cette remarque se trouve 1859 p. CCVIII.

[121]) Mr. Lucas à fondé ce genre sur ses Oxythyrea costata et deserticola.

[122]) Dans le catalogue de Mr. Schaum (1845 p. 47) est imprimé Anaplasta.

[123]) Cette espèce est seulement figurée.

Coenochilus. Schaum.

platyrhinus. Schaum.	Indes orient.	1844	419
Scaptobius. Schaum.			
aciculatus. Schaum.	C. d. bonn. Esper.	44	420
Lissogenius. Schaum. 1844, 420.			
planicollis. Schaum.	Guinée.	44	421
Cremastochilus. Knoch.			
mexicanus. Schaum. (pl. XI. f. 8.) [124]	Mexique.	44	
Agenius. Encycl.			
clavus. Schaum.	Caffrérie.	44	422
Gnorimus. Encycl.			
10-punctatus. Helfer. (pl. VII. B. f. 1, 2.)	Sicile.	33	495
8-punctatus. Fabr.	Europe.	—	495
variabilis. L.	France.	54	104
Trichius. Fabr.			
fasciolatus. Géné.	Sardaigne.	36	B. 3

XXXII. Buprestides. [125])

Sternocera. Eschsch. 1833, 273. (pl. X f. 6.)			
orissa. Buq.	C. d. bonn. Esper.	37	B. 76
Julodis. Eschsch. 1833, 272. (pl. X. f. 5.)			
cicatricosa. Lucas.	Algérie.	59	B.183
deserticola. Brisout.	idem.	—	B.236
Jaminii. Lucas.	idem.	—	B.183
leucosticta. Brisout.	idem.	—	B.236
Rothii. Sturm.	Jerusalem.	56	410
Steraspis. Dej. 1833, 267. (pl. X. f. 2.)			
Boyeri. Solier. [126])	Egypte.	33	269
brevicornis. Solier.	Sénégal.	38	339
scabra. Fabr.	idem.	—	335
semigranosa. Dej.	idem.	33	269
idem.	idem.	58	337
speciosa. Klug.	Sénégal.	—	330
squamosa. Dej. v. n. [126])	Afrique sept.	—	336
triangularis. de Cast. et Gory.	Sénégal.	—	333
Catoxantha. Dej. 1833, 266. (pl. X. f. 1.)			
Lacordairei. Thoms.	Iles Moluques.	59	B.112
Chrysochroa. Carc. et de Cast. 1833, 270. (pl. X. f. 4.)			

---

[124]) Cette espèce est seulement figurée.

[125]) Mr. Solier donne 1834 p. C quelques corrections pour la table analytique de son travail sur les Buprestides, duquel sont tirés les genres, cités ci-dessus.

[126]) Mr. Solier cite comme synoyme la Steraspis squamosa Dej.

Cyria. Serv. 1833, 269. (pl. X f. 3.)
Euchroma. Serv. 1833, 284. (pl. XI. f. 14.)
Chalcophora. Serv. 1833, 278. (pl. X. f. 9)
Pelecopselaphus. Solier. 1833, 286. (pl. XI. f. 15.)
Chrysesthes. Serv. 1833, 290. (pl. XI. f. 17.)

impressicollis. Dupont.	Brésil.	1833	291

Psiloptera. Serv. 1833, 283. (pl XI. f. 13.)

angulicollis. Fairm. et Germain.	Chili.	58	710
Buqueti. Spinola. [127])	idem.	—	711
Decaisnei. Solier.	idem	—	711
Guerinii Thoms. (pl. VIII. f. 4.)	Caffrérie.	56	328
speciosa. Germain.	Chili.	58	712
verrucifera. Fairm. et Germain.	idem.	—	713

Perotis. Megerle. 1837, 110.

striata. Spinola.	Afrique.	37	111

Ectinogonia. Spinola. 1837, 112.

Buqueti. Spinola. [128]) v. n. [127])	Chili.	37	112

Lampetis. Dej. 1837, 113. v. n. [130])
Polybothris. Dej. 1837, 115.

ancora. Spinola.	Madagascar.	37	117
aureocyanea. Coquerel. (pl. VIII. f. 1.)	Nossi-Bé.	48	276
auroclavata. Coquerel. (pl. IX. f. 4.)	Madagascar.	52	362
Lelieuri. Buq. (pl. III. n. IV.)	idem.	54	75
pyropyga. Coquerel. (pl. IX f. 5.)	idem	52	364
6-foveolata. Spinola.	idem.	37	118

Apateum. Spinola. 1837, 120
Aurigena. de Cast. et Gory.

chlorana. Latr.	Beyrouth.	56	412

Latipalpis. Solier. 1833, 287. (pl. XI. f. 16.) [129])

galamensis. Dupont. [130])	Sénégal.	33	289

Latipalpis. (Solier) Spinola. 1837, 107.
Capnodis Eschsch. 1833, 282. (pl. XI. f. 12.)
Dicerca. Eschsch. 1837, 106.
Lampra. Megerle. 1837, 108.

Guiraoi Fairm.	Murcie.	55	315

Epistomentis. Solier.

Gaudichaudii. Solier.	Chili.	58	716
pictus. de Cast. et Gory.	idem.	—	716

---

[127]) C'est l'Ectinogonia Buqueti Spinola.

[128]) L'indication juste de la patrie de cette espèce se trouve 1838 p. LXI.

[129]) Mr. Spinola a partagé ce genre en 8 genres, ce sont: Dicerca, Latipalpis, Lampra, Perotis, Ectinogonia, Lampetis, Polybothris et Apateum.

[130]) Selon Mr. Spinola 1837 p. 113 cette espèce appartient au genre Lampetis Dej.

Buprestis. L. 1833, 279. (pl. X. f. 10.)

carbunculus. Gory. (pl. V. f. 2.)	Brésil.	1833	68
lepida. Gory. (pl. XII. B. f. 3.)	Sénégal.	32	383

Ancylocheira. Eschsch.

Bellemaraei Lucas.	Algérie.	53	B. 68
flavomaculata. Fabr.	France.	54	115
8-guttata. L.	idem.	—	117

Pterobothris. Fairm. et Germain. 1858, 714.

corrosus. Fairm. et Germain (pl. XV. f. 2)	Chili.	58	714

Melanophila. Eschsch. v. n. [131])

tarda. Fabr.	France.	54	122

Anthaxia. Eschsch. 1833, 297. (pl. XII. f. 22.)

angulosa. Solier.	Chili.	58	718
Ariasi. Robert. [131])	Dep. du Var.	59	B.174
concinna. Mannerh.	Chili.	58	718
corinthia Reiche et Saulcy.	Beyrouth.	56	414
cupriceps. Fairm. et Germain.	Chili.	58	717
divina. Reiche et Saulcy. (pl. XII. f. 10.)	Jaffa.	56	415
marginicollis. Solier.	Chili.	58	717
morio. Fabr.	France.	54	125
Passerinii. Pecchioli. (pl. XVI. f. 7.)	Florence.	37	446

Cratomerus. Solier. 1833, 295. (pl. XII. f. 21.)

Curis. de Cast. et Gory.

bella. Guérin.	Chili.	58	719
chloris. Germain. (pl. XV. f. 1.)	idem.	—	719

Hyperantha. Gistl.

Chabrillacii. Thoms. (pl. VIII. f. 3.)	Brésil.	56	327
Sallei. Rojas. (pl XX. n II. f. 1.	Venezuela.	—	693
stigmaticollis Desmarest. (pl. I. n. I. f. 2.)	Amérique mer	43	21
Vargasi Rojas. (pl. XIII n II.) [132])	Caracas.	55	261
vittaticollis. Desmarest. (pl. I. n. I. f 1.)	Colomb. Brésil.	43	19

Poecilonota. Eschsch. 1833, 298. (pl. XII f. 23.)

Stigmodera. Eschsch. 1833, 293 (pl. XI. f. 19.)

chalybeiventris. Fairm. et Germ. (pl. XV. f. 14.)	Chili.	58	732
chiliensis. Guérin. (pl. XV. f. 13)	idem.	—	733
costipennis. Germain. (pl XV f. 7.)	idem.	—	734
cruentata. Murray. (pl. IV. n. I. f. 1.)	Port Adelaide.	52	253
hastaria. Fairm. et Germain. (pl. XV. f. 12.)	Chili.	58	728
Rousselii. Solier. (pl. XV. f. 10.)	idem.	—	728
Souverbii. Germain. (pl XV. f. 3.)	idem	—	730
viridiventris. Solier. (pl. XV. f. 11.)	idem.	—	730

---

[131]) Selon Mr. Fairmaire cette espèce appartient au genre Melanophila. v. 1859. p. CLXXIV.

[132]) Selon Mr. Chevrolat c'est une Conognatha. v. 1856. p. CVI.

S. g. Zemina. de Cast. et Gory. 1858, 721.

amplicollis. Fairm. et Germain. (pl. XV. f. 4.)	Chili.	1858	724
2-vittata. de Cast. et Gory.	idem.	—	721
confusa. Fairm. et Germain.	idem.	—	723
conjuncta. Chevrol.	idem.	—	724
cribricollis. Fairm. et Germain. (pl. XV. f. 8.)	idem.	—	722
cupricollis. de Cast. et Gory.	idem.	—	725
minor. Solier.	idem.	—	721
picta. de Cast. et Gory. (pl. XV. f. 9.)	idem.	—	726
Rouletii. Solier.	idem.	—	725
semivittata. Fairm. et Germain. (pl. XV. f. 5.)	idem.	—	727
vittata. de Cast. et Gory.	idem.	—	723

Conognatha. Eschsch. 1833, 294. (pl. XI. f. 20.) v. n. [132]

Temognatha. Eschsch. 1833, 291. (pl. XI. f. 18.) [133]

3-fasciata. Murray. (pl. IV. n. I. f. 2.)	King George Sund.	52	254

Polycesta. Serv. 1833, 281. (pl. XI. f. 11.)

carnifex. Germain. (pl. XV. f. 6.)	Chili.	58	735

Ptosima. Serv. 1833, 277. (pl. X. f. 8.)

Tyndaris. Thoms. 1858, 736.

Gayi. Chevrol.	Chili.	58	737
guttulatus. Fairm. et Germain.	idem.	—	738
marginellus. Fairm. et Germain.	idem.	—	737

Acmaeodera. Eschsch. 1833, 274. (pl. X. f. 7.)

acuminipennis. de Cast. et Gory.	Barbarie.	38	389
adspersula. Illig. v. n. [135]	Europe mer.	—	356
Boryi. Brullé.	Grèce.	—	354
Chevrolatii. Spinola.	C. d. bonn. Esper.	—	380
chilensis. de Cast. et Gory.	Chili.	58	739
congener. Dej.	C. d. bonn. Esper.	38	350
cruenta. Oliv.	Iles d'Amérique.	—	362
cuprifera. de Cast. et Gory.	Levante.	—	352
cuprina. Chevrol.	Mexique.	—	367
cylindrica. Fabr.	Europe mer.	—	355
dermestoides. Solier. [134]	Marseille.	33	275
discoidea. Fabr.	Sicile.	38	392
dorsalis. Dej.	Syrie.	—	392
elevata. Klug.	Sénégal.	—	342
farinosa. Reiche et Saulcy.	Beyrouth. Caram.	56	410
flavomarginata. Gray.	Mexique.	38	360
Foudrasii. Solier.	Sénégal.	33	276

---

[133] l. c. est imprimé Themognatha, mais dans les Errata (1833) cette faute est corrigée.

[134] Selon Mr. Spinola (1838. p. 357) cette espèce est synonyme d'Acm. adspersula Illig.

Foudrasii. Solier.	Sénégal.	1838	346
gibbosa. Fabr.	C. d. bonn. Esper.	—	344
lateralis. Chevrol.	Mexique.	—	361
Leprieuri. Buq.	Sénégal.	—	341
mutabilis. Spinola.	Italie. Hongr.	—	372
ornata. Fabr.	Amérique sept.	—	365
ottomana. Friwaldsky.	Romélie.	—	377
pictipennis. de Cast. et Gory.	C. d. bonn. Esper.	—	379
pilosellae. Bonelli.	Piemont.	—	391
polita. Klug.	Sénégal.	—	347
postverta. Buq. [135])	Constantine.	40	394
Prunneri. Géné.	Sardaigne.	38	375
puberula. Dej.	C. d. bonn. Esper.	33	276
repercussa. de Cast. et Gory.	Sénégal.	38	345
rubronotata. de Cast. et Gory.	Chili.	58	739
saxicola. Friwaldsky.	Romélie.	38	371
stellaris. Chevrol.	Mexique.	—	364
stictica. Dej.	Sénégal.	—	348
stictipennis. de Cast. et Gory.	Manille.	—	351
taeniata. Fabr.	Haute - Italie.	—	358
tabulus. Fabr.	Amérique sept.	—	383
Vaillant. Spinola.	Barbar. France m.	—	370
varians. Chevrol.	C. d. bonn. Esper.	—	386
viridissima. Chevrol.	Mexique.	—	369
xanthostictica. Chevrol.	Chili.	—	363
xanthotaenia. Wiedem.	C. d. bonn. Esper.	—	382

Sphenoptera. Dej. 1833, 299. (pl. XII. f. 24.)

3-sulcata. Reiche et Saulcy.	Beyrouth.	56	413

Belionota. Eschsch. 1833, 306. (pl. XII. f. 27.)

lineatopennis. Dej.	Sénégal.	33	308

Colobogaster. Solier. 1833, 308. (pl. XII. f. 28.)

Chrysobothris. Eschsch. 1833, 310. (pl. XII. f. 29.)

Solieri. de Cast. et Gory.	France.	54	120

Stenogaster. Solier. 1833, 305. (pl. XII. f. 26.)

Agrilus. Megerle. 1833, 300. (pl. XII. f. 25.)

amethystinus. Dej.	Provence.	33	304
modicus. Dej.	Bahia.	—	304
4-fossulatus. Fairm. et Germain.	Chili.	58	740
Salzmanni. Solier.	Sénégal.	33	303
sulcipennis. Solier.	Chili.	58	741
thoracicus. de Cast. et Gory.	idem.	—	740

Cylindromorphus. Motsch.

parallelus. Fairm.	Hyères.	59	49

---

[135]) D'après Mr. Buquet (1841 p. XXII) cette espèce est une variété d'Acm. pulchra Fabr.

Mastogenius. Solier.
parallelus. Solier.   Chili.   1858   742
Brachys. Dej. 1833, 312.
Pachyschelus. Solier. 1833, 313.
scutellatus. Solier.   Bahia.   33   314
Taphrocerus. Solier. 1833, 314.
Trachys. Fabr. 1833, 311. (pl. XII. f. 30.)
Pandellei. Fairm. (pl. III. f. 6.)   Haut. Pyrenées.   52   79
pumila. Illig.   Montpellier.   —   727
Aphanisticus. Latr. 1833, 315. (pl. XII. f. 34.)

XXXIII. Throscides.

Throscus. Latr. 1834, 134.
dermestoides. L.   Europe.   34   135
Lissomus. Dalm. 1834. 135.

XXXIV. Eucnemides.

Melasis. Oliv. 1834, 129.
Pterotarsus, Latr. 1834, 132.
2-maculatus. de Cast.   Brésil.   43   196
E chscholtzii. de Cast. (pl. VI. f. 71.) [136]   idem.   —   196
histrio. Guérin.   idem.   34   132
   idem. (pl. VI. f. 70.)   idem.   43   194
rugosus Blanch.   Mexique. Bolivie.   —   196
tuberculatus. Dalm. (1843. pl. VI. f. 64 69.)   Brésil.   34   132
Walkenaerii. Guérin. (pl. VI. f. 72.)   Brésil. Colomb.   43   196
Galba. Eschsch. 1843, 190.
bombycina. Guérin.   Colombie.   43   193
flavicornis. Dej. (pl. VI. f. 60—63.)   Etats Unis.   —   193
Galbodema. de Cast.
Mannerheimii. Guérin. (pl. VI. f. 55—59.) [137]   Australie.   43   189
Gastraulacus. Guérin. v. n. [138]
atratus. Chevrol. (pl. VI. f. 50—52.)   Mexique. Colomb. 43   188
Leprieuri. Buq. (pl. VI. f. 53, 54.)   Cayenne.   —   189
Galba. Latr. 1834, 132. [138]
2-sulcatus. Latr.   Brésil.   34   133

---

[136]) Cette espèce est seulement figurée.

[137]) Ces 3 espèces sont seulement figurées.

[138]) Selon Mr. Guérin (1843. p. 188) ce genre est synonym du genre Gastraulacus Guérin.

Eucnemis. Ahrens. 1834. 133. [139])

capucinus. Ahrens. (1843 pl. VI. f. 47—49)	Europe.	1834	133
Feisthamelii. Graëlls. (pl. IV. n. I. f. 5.)	Espagne.	47	307
foveolatus Guérin.	Cayenne.	43	187
fulvicornis, Guérin.	id.	—	187
orientalis. de Cast. (pl. VI. f. 43 46) [137]	Java.	—	186
Wicardi. de Cast. (pl. VI. f. 39—42) [137])	id.	—	186

Fornax. de Cast. [140])

Chevrolatii. Guérin. (pl. V. f. 31—35.)	?	43	185
grandis. Buq.	Brésil.	—	182
madagascariensis. d. C. (pl.V. f.28-30. 1856 pl.XV. f.3.)[141]) Madag.		—	182
obrutus. Chevrol. (pl. V. f. 21 23.	Mexique.	—	183
opifex. Dej.	Cayenne.	—	184
Petitii Guérin. (pl. V. f. 24—27.)	Mexique.	—	183
sanguineosignatus. Buq.	Colombie.	—	184

Eucalosoma. de Cast.

versicolor. de Cast. (pl V. f. 36—38.)	Brésil.	43	185

Microrhagus. Eschsch.

Emyi. Rouget.	Cote d'Or.	57	749
Manueli. Fairm. (pl. XVI. n. II. f. 3.)	Savoie.	56	530

Dirhagus. Eschsch. 1834, 130. [142])

pygmaeus. Mannerh.	Finl. Suède.	34	151

Hylochares. Latr. 1834, 127. [143])

cruentatus. Mannerh.	Suède. Russie.	34	128
melasinus. Klug.	?	—	128
procerulus. Mannerh. [144])	Europe mer.	—	127
subacutus. Chevrol.	Mexique.	43	176
unicolor. Latr.	Dep. des Landes.	34	128

Calyptocerus. Guérin. 1843, 177.

Leboucheri. Chevrol. (pl. V. f. 8—14.)	Cayenne.	43	178

Eudorus. Guérin.

javanicus. de Cast. (pl. V. f. 5—7.)	Java.	43	176

Anelastes. Kirby. 1834, 165. v. n. [145])
Silenus. Latr. 1834, 128.

brunneus. Latr. [145])	Savannah.	34	129

---

[139]) Voyez les additions de Mr. Guérin 1843 p. 186.

[140]) D'apres Mr. Guérin (1843 p. 182) ce genre est synonym du genre Dirhagus Eschsch.

[141]) Mr. Coquerel affirme 1856 p. 515, que cette espèce vient de Madagascar.

[142]) Voyez les remarques de Mr. Guérin 1843 p. 181.

[143]) Voyez les notes sur ce genre et ses espèces de Mr. Guérin 1843 p. 175.

[144]) Cette espèce est selon Mr. Guérin (1843 p. 175) le type du genre Hypocoelus Eschsch.

[145]) Selon Mr. Guérin (1843 p. 177) c'est Anelastes Druryi Kirby.

Nematodes. Latr. 1834, 125.

filum. Fabr.	Autriche, Portug.	34	126
Sahlbergii. Mannerh.	Finlande.	—	126

Xylobius Latr. 1834, 124.

alni. Fabr.	Suède.	34	124

Harminius. Fairm. 1852, 80.

castaneus. Fairm. (pl. III. f. 5.)	Sicile.	52	81

Emanthion. de Cast.

Buqueti. Guérin.	Colombie.	43	180
cuneatum. Chevrol. (pl. V. f. 15 — 20.)	Bahia.	—	179

Phyllocerus. Dej. 1834, 165.

Grohmanni. Spinola.	Sicile.	38 B.	41

Cephalodendron. Latr. 1834, 166.

Cryptostoma. Dej. 1834, 136.

XXXV. Elaterides.

Agrypnus. Eschsch. 1834, 143.

atomarius. Fabr.	France.	54	143
judaicus. Reiche et Saulcy. (pl. XII. f. 11.)	Jerusal. Beyrouth.	56	418

Adelocera. Latr. 1834, 144.

Dilobitarsus. Latr. 1834, 142.

tuberculatus. Latr.	Brésil.	34	143

Hemirhipus. Latr. 1834, 140.

Alaus. Eschsch. 1834, 141.

nobilis. Sallé. (pl. XIV. f. 1.)	Haïti.	55	263

Chalcolepidius. Eschsch. 1834, 141.

Semiotus. Eschsch.

caracasanus. Rojas. (pl. XX. n. II. f. 2.)	Caracas.	56	694

Pericallus. Lepell. et Serv. 1834, 141.

Campsosternus. Latr. 1834, 141.

Beliophorus. Eschsch. 1834, 147.

Tetralobus. Lepell. et Serv. 1834, 147.

Australasiae. Gory. (pl. XIV. f. 1.)	N. Hollande.	36	513
cinereus. Gory. (pl. IV. f. 1.)	Sénégal.	32	220

Aemidius. Latr. 1834, 157.

Loboederus. Guérin. 1834, 148.

Discrepidius. Eschsch. 1834, 156.

Monocrepidius. Eschsch. 1834, 155.

Conoderus. Eschsch. 1834, 161.

Athous. Eschsch. 1834, 161.

rhombeus. Oliv.	France.	54	148
rufus. Fabr.	id.	—	145

Cratonychus. Dej.

dimidiatipennis. Gaubil.	Grèce. Algérie.	56	416

Melanotus. Megerle. 1834, 158.
rufipes. Herbst. | France. | 1854 | 139
Pachyderes. Guérin. 1834, 149.
Eudactylus. Sallé. 1855, 266.
Wapleri. Sallé. (pl. XIV. f. 2.) | Haïti. | 55 | 267
Elater. Eschsch. 1834, 153.
madagascariensis. Gory. (pl. XII. B. 1. 2.) | Madagascar. | 32 | 385
pomorum. Geoffr. (pl. III. n. III. f. 5.) | France. | 53 | 44
sanguineus. L. | id. | 54 | 150
Heteroderes. Latr. 1834, 155.
Cryptohypnus. Eschsch. 1834, 153.
flavipes. Aubé. | Orleans. | 50 | 338
Cardiophorus Eschsch. 1834, 152.
abdominalis. Aubé. | Algérie. | 50 | 337
maculicollis. Reiche et Saulcy. (pl. XII. f. 12.) | Athènes. | 56 | 420
tenellus. Reiche et Saulcy. | Beyrouth. | — | 421
Dima. Dej. 1834, 155.
Hypodesis. Latr. 1834, 156.
Cardiorhinus. Eschsch. 1834, 145
Tomicephalus. Latr. 1834, 146.
Pyrophorus. Illig. 1834, 144.
Hypsiophthalmus. Latr. 1834, 145.
Aphanobius. Eschsch. 1834, 157.
Ludius. Latr. 1834, 154.
Corymbites. Latr. 1834, 150.
Pristilophus. Latr. 1834. 151.
Gougeleti. Fairm. | Galice. | 59 B.151
Diacanthus. Latr. 1834, 151.
Prosternon. Latr. 1834, 151.
Synaptus. Eschsch. 1834, 159.
Agriotes. Eschsch. 1834, 160.
Ectinus. Eschsch. 1834, 160.
Adrastus. Eschsch. 1834, 158.
Campylus. Fisch. 1834, 162.
parallelicollis. Aubé. | Iméretie. | 50 | 336
Oxysternus. Latr. 1834, 164.
Cylindroderus. Eschsch. 1834, 163.

XXXVI. Cebrionides.

Physodactylus. Fisch. 1834, 165.
Cebrio. Oliv. 1834, 164.
Benedicti. Fairm. | Sicile. | 49 | 420
Carrenoi. Graëlls. ♂ (pl. IV. n. I. f. 4.) | Espagne. | 47 | 306
  idem. ♀ (pl. I. f. 1.) | idem. | 51 | 6
Gandolphei. Guérin. | Algérie. | 59 B.186

Moyses. Fairm.	Lisbonne.	1852	82
rufifrons. Graëlls (pl. I. f. 2.)	Guadarrame.	51	13

Selenodon. Latr. 1834, 163.

XXXVII. Cerophytides.

Cerophytum. Latr. 1834, 137.

XXXVIII. Rhipicérides.

Callirhipis. Latr. 1834, 169 et 241.

bicolor. de Cast.	Brésil.	34	255
brunnea. de Cast.	Guadeloupe.	—	251
Childreni. Gray.	Brésil.	—	254
chilensis. de Cast.	Chili.	—	257
Dejeanii. Latr.	Amboina. Java.	—	244
Goryi. Guérin.	Brésil.	—	253
javanica. de Cast.	Java.	—	245
Lacordairei. de Cast.	Guadeloupe	—	249
Latreillei. de Cast.	Brésil.	—	248
L'herminieri. de Cast. (pl. II. f. 1.)	Guadeloupe.	—	250
orientalis. de Cast.	Java.	—	247
ruficornis. Gray.	N. Hollande.	—	248
scapularis. de Cast.	Brésil.	—	256
vestita. de Cast.	Mexique.	—	252

Rhipicera. Latr. 1834, 168 et 228.

abdominalis. Klug.	Brésil.	34	238
cyanea. Guérin.	idem.	—	237
femorata. Dalm.	idem.	—	240
fulva. de Cast.	Amérique sept.	—	236
marginata. Latr.	Brésil.	—	233
mystacina. Fabr.	N. Hollande.	—	235

Sandalus. Knoch. 1834, 168

niger. Knoch.	Amérique.	34	269
petrophya. Knoch.	idem.	—	267
Sichelii. Fairm. (pl. XI. n. V.)	Brésil.	52	693

Megarhipis. de Cast. 1834, 266.

brunnea. de Cast. (pl. II. f. 6.) [146]	idem.	34	265

Chamoerhipis. Latr. 1834, 169. v. n. [147]

Eurhipis. de Cast. 1834. 258.

senegalensis. de Cast. (pl. II. f. 2.) [147]	Sénégal.	34	259

---

[146] Sous la figure est imprimé M. brasiliensis de Cast. Le genre est caracterisé dans l'annotation.

[147] Dans les Errata et Addenda du même volume Mr. Buquet dit, que cet insecte est synonym du Chamoerhipis ophthalmicus Latr.

Ptyocerus. Thunb. 1834, 168 et 260.

attenuatus. de Cast. (pl. II. f. 4.)	C. d. bonn. Esper.	1834	263
Goryi. de Cast. (pl. II. f. 5.)	idem.	—	264
mystacinus. Thunb. (pl. II. f. 3.)	idem.	—	262

XXXIX. Dascyllides.

Dascyllus. Latr. 1834, 170.
Colobodera. Klug. 1837, LXXXVIII.

elongata. Klug.	Madagascar.	37	B.88
mucronata. Klug.	idem.	—	88
nitida. Klug.	idem.	—	88
ovata. Klug.	idem.	—	88
striata. Klug.	idem.	—	88

Ptilodactyla. Illig. 1834, 166.
Eubria. Dahl.

Marchantii. Jacq. d. V.	Toulouse.	54	B.37

XL. Malacodermes.

Dictyopterus. Latr.

alternans. Fairm.	Haut. Pyrenées.	56	531

Calochromus. Guérin. 1833, 158.

glaucopterus. Guérin. (pl. VII. B. f. 1—5.)	N. Guinée.	33	159

Lamprocera. de Cast. 1833, 129. [148])
Lucio. de Cast. 1833, 135.

abdominalis. de Cast.	Brésil.	33	136

Hyas. de Cast. 1833, 134.
Dryptelytra. de Cast. 1833, 128.

cayennensis. de Cast.	Cayenne.	33	129

Calyptocephalus. Gray. 1833, 130. [148])

fasciatus. Gray.	Guyane angl.	33	130
Goryi. de Cast.	Cayenne.	—	130
thoracicus. de Cast.	idem.	—	130

Ethra. de Cast. 1833, 133.

interrupta. Gory.	Brésil.	33	134
lateralis. de Cast.	idem.	—	133

Vesta. de Cast. 1833, 132.

Chevrolatii. de Cast.	Java.	33	133

Lucernuta. de Cast. 1833, 143. [149])

discoidalis. de Cast.	Brésil.	33	144

---

[148]) Ces 2 genres sont dans le memoire de M. de Castelnau les divivions du genre Lamprocera de Cast 1833, 129.

[149]) Ces 4 genres sont aussi les divisions d'un grand genre Photinus de Cast 1833, 140.

Lucidota. de Cast. 1833, 136.

antennata. de Cast.	Brésil.	1833	138
Banoni. de Cast.	Cayenne.	—	137
limbata. de Cast.	Brésil.	—	137
modesta. de Cast.	idem.	—	138
thoracica. de Cast.	Cayenne.	—	137

Alecton. de Cast. 1833, 135.

discoidalis. de Cast.	Cuba.	33	135

Photinus. de Cast. 1833, 141. [149)]

Aspisoma. de Cast. 1833, 145. [149)]

candellaria. Reiche. (pl. VII. n. II. f. 7.)	Brésil.	45	350
idem.	idem.	—	353

Lampyris. Fabr. 1833, 139.

Bellieri. Reiche.	Pyrenées or.	58	155
Libani. de Cast.	Mont Libanon.	33	139
Mulsanti. Kiesenw.	Pyrenées or.	51	587
Senckii. Villaret. (pl. XV. A. f. 1, 2.)	Milan. Allemagne.	33	352

Phosphaenus. de Cast. 1833, 138.

Amydetes. Hoffm. 1833, 127.

Megalophthalmus. Gray. 1833, 131.

Bennettii. Gray.	Colombie.	33	131
costatus. de Cast.	idem.	—	132
melanurus. Chevrol.	Pérou.	—	131

Luciola. de Cast. 1833, 146.

discicollis. de Cast.	Sénégal.	33	147
dispar. Fairm.	Bosphore.	57	739
Goudotii. de Cast.	Madagascar.	33	150
graeca. de Cast.	Naxos.	—	147
italica. L.	Italie.	—	147
lucifer. Reiche et Saulcy.	Beyrouth.	57	169
lusitanica. Charp.	Europe mer.	33	147
maculicollis. de Cast.	Amérique sept.	—	148
melanura. de Cast.	Sénégal.	—	149
puncticollis. de Cast.	idem.	—	148
vittata. de Cast.	Java.	—	150

Colophotia. Dej.

pedemontana. Bonelli.	Sardaigne.	47	91

Telephoroides. de Cast. 1833, 144. [149)]

blattoides. Chevrol.	Brésil.	33	144
lycoides. de Cast.	idem.	—	145

Phengodes. Hoffm. 1833, 128.

Telephorus. Schaeffer.

albomarginatus. Maerk.	Allemagne.	51	592
apicalis. Reiche et Saulcy.	Athènes.	57	176
brevicornis. Kiesenw.	Pyrenées or.	51	595
dimidiatipes. Reiche et Saulcy.	Beyrouth.	57	172

fibulatus. Maerk.	Carinthie.	1851	593
fuscicollis. Kiesenw.	Catalogne.	—	598
haemorrhoidalis. Reiche et Saulcy.	Athènes.	57	173
lineatus. Kiesenw.	Lac de Seculejo.	51	594
marginiventris. Reiche et Saulcy.	Naplouse.	57	171
prolixus. Maerk.	Carinthie.	51	598
sulcifrons. Maerk.	idem.	—	599
3-punctatus. Reiche et Saulcy.	Beyrouth.	57	175
tristis. Fabr.	Pyrenées. Alpes.	51	592
ustulatus. Kiesenw.	Pyrenées or.	—	596
xantholoma. Kiesenw.	Pyrenées. Catalogne.	—	590

S. g. Ancystronycha. Maerkel. 1851, 589.

consobrinus. Maerk.	Carinthie.	51	589

Rhagonycha. Eschsch.

atricapilla. Kiesenw.	Lac de Seculejo.	51	603
boops. Kiesenw.	Lyon.	—	602
concolor, Maerk.	Allemagne. Carinth.	—	605
galeciana. Goug. et Bris.	Galice.	59 B.	238
maculicollis. Maerk.	Carinthie.	51	607
Maerkelii. Kiesenw.	Saxe.	—	606
morio. Kiesenw.	Pyrenées.	—	609
planicollis. Kiesenw.	Sicile.	—	601
punctipennis. Kiesenw.	Lyon.	—	600
quadricollis. Kiesenw.	Catalogne.	—	607
Redtenbacheri. Maerk.	?	—	601

Malthinus. Latr.

chelifer. Kiesenw. (pl. XI. f. 4,)	Catalogne.	51	614
filicornis. Kiesenw.	Barcelonne.	—	611
forcipifer. Kiesenw.	Lac de Seculejo.	—	614
hamatus. Kiesenw. (pl. XI. f. 6.)	I. de Sardaigne.	—	615
modestus. Kiesenw. (pl. XI. f. 5.)	Barcelonne.	—	616
4-spinus. Kiesenw. (pl. XI. f. 7.)	Catalogne.	—	613
scriptus. Kiesenw.	idem.	—	611
seriepunctatus. Kiesenw.	idem.	—	610

Malthodes. Kiesenw.

berytensis. Reiche et Saulcy.	Beyrouth.	57	177

Malachius. Fabr.

aeneus. Fabr.	Dep. des Landes.	52	594
humeralis. Reiche et Saulcy.	Syrie.	57	180
limbifer. Kiesenw.	Catalogne.	51	617
maculiventris. Chevrol.	Syrie.	57	179
miniatus. Reiche et Saulcy.	Naplouse.	—	178

Anthocomus. Erichs.

citrinoguttatus. Reiche et Saulcy.	Naplouse.	57	181
lateralis. Erichs.	France.	54	596
pictus. Kiesenw.	Catalogne.	51	618

Ebaeus. Erichs.

congressarius. Fairm.	Montpellier.	1857	637

Charopus. Erichs.

dispar. Fairm.	Corse.	59	277
docilis. Kiesenw.	Montpellier.	51	619
formicarius. Reiche et Saulcy. (pl. V. f. 1.)	Naplouse.	57	182
grandicollis. Kiesenw. (pl. XI. f. 1.) [150]	Catalogne.	51	620
nitidus. Kuester.	?	—	621
saginatus. Kiesenw.	I. de Sardaigne.	—	621

Colotes. Erichs.

Javeti. Jacq. d. V.	Montpellier.	52	705
var. rufithorax. Jacq. d. V.	idem.	—	706
rubripes. Jacq. d. V.	Bordeaux.	—	707

Dasytes. Payk.

ciliatus. Graëlls. (pl. X. n. II. f. 3—6.)	Monteleobino.	42	221
coeruleus. Fabr.	France.	58	519
flavipes. Fabr.	idem.	54	602
imperialis. Géné.	Sardaigne.	36	B. 3
nobilis. Illig.	France.	42	223
protensus. Géné.	Sardaigne.	36	B. 2
splendidus. de Cast.	Brésil.	32	398

Enicopus. Steph.

acutatus. Boield. (pl. VIII. f. 5.)	Rome.	59	469
Bonvouloiri. Boield. (pl. VIII. f. 4.)	Espagne.	—	468
falculiger. Fairm.	Sicile.	—	53
orientalis. Fairm.	Turquie.	—	51
pyrenaeus. Fairm.	Haut. Pyrenées.	—	50
subvittatus. Fairm.	Sicile.	—	52
truncatus. Fairm.	Dep. du Var.	—	51

Cosmiocomus. Kuester.

hispanicus. Goug. et Bris.	Galice.	59	B.237
Poupillieri. Goug. et Bris.	Algérie.	—	B.238

Chalcas. Dej. 1849, 5. (pl. I. f. 9—17.)

Bremei. Fairm. (pl. I. f. 2.)	Colombie.	49	13
cyaneus. Buq. (pl. I. f. 8.)	idem.	—	9
fumatus. Fairm.	idem.	—	17
humeralis. Klug. (pl. I. f. 1.)	idem.	—	15
lateralis. Buq. (pl. I. f. 4.)	idem.	—	11
lineatocollis. Buq. (pl. I. f. 7.)	idem.	—	10
lugubris. Fairm.	idem.	—	20
obesus. Fairm. (pl. I. f. 3.)	idem.	—	19
6-plagiatus. Buq.	idem.	—	21

---

[150]) Selon Mr. Jacquelin d. Val c'est le Ch. pallipes Oliv. V. 1857. p. 93.

trabeatus. Dej. (pl. I. f. 5.)	Colombie.	1849	12
unicolor. Dej. (pl. I. f. 6.)	idem.	—	14
Zygia. Fabr.			
rostrata. Erichs. (pl. V. f. 2.)	Jerusalem.	57	184

XLI. Clerides.

Cylidrus. Latr.			
agilis. Lucas.	Oran.	43	B.25
Cladiscus. Chevrol.			
strangulatus. Chevrol.	I. Philippines.	43	33
Tillus. Oliv.			
Boscii. Chevrol.	Amérique sept.	43	31
unifasciatus. Fabr.	France.	47	35
Tilloidea. de Cast. 1832, 398.			
senegalensis. de Cast.	Sénégal.	32	399
Opilus. Latr.			
dorsalis. Lucas.	Oran.	43	B.24
germanus. Chevrol.	Hambourg.	—	37
Mimonti. Boield. (pl. VIII. f. 6.)	Grèce.	59	471
mollis. L.	France.	54	610
Placocerus. Klug. 1838, XL.			
Thanasimus. Latr.			
formicarius. Fabr.	France.	54	606
4-maculatus. Fabr.	idem.	—	607
Clerus. Geoffr.			
Buquet. Lefebvre. (pl. XVI. f. 4.) [151]	Bengale?	35	582
cinctiventris. Chevrol.	Brésil.	43	52
marginicollis. Chevrol.	idem	—	31
obliquefasciatus. Chevrol.	idem.	—	32
Thaneroclerus. Lefebvre. 1838, XIII. v. n. [151]			
Erymanthus. Klug.			
variolatus. de Brême. (pl. VII. f. 7.)	Sénégal	44	294
Trichodes. Herbst.			
affinis. Chevrol.	Egypte.	43	38
alvearius. Fabr.	France.	54	612
angustus. Chevrol.	Amadan.	43	41
Carcelii. Chevrol.	Anatolie.	—	39
fulgens. Chevrol.	N. Hollande.	—	41
Lafertei. Chevrol.	Constantinople.	—	39
laminatus. Chevrol.	Anatolie.	—	40
Olivieri. Chevrol.	Perse.	—	38
viridifasciatus. Chevrol.	Orient.	—	40

---

[151]) C'est l'espèce typique du genre Thaneroclerus Lefebvre (1838. p. XIII.).

Enoplium. Latr.

balteatum. Chevrol.	Brésil.	1843	36
calceatum. Chevrol.	idem ?	—	37
divinum. Chevrol.	idem ?	—	37
dulce. Ledoux. (pl. XVII. D.) [152]	Fontainebleau.	33	474
fimbriolatum. Chevrol.	Brésil.	43	35
niveum. Chevrol.	idem.	—	35
pantherinum. Chevrol.	Cayenne.	—	35
punctatissimum. Chevrol.	Amérique sept.	—	34
seminigrum Chevrol.	Colombie.	—	34

Corynetes. Herbst.

marginellus. Chevrol.	Californ.? Mexiq.?	43	42

Theano. de Cast.

cruciatus. Chevrol.	Colombie.	43	33

XLII. Lyméxylones.

Hyloecetus. Latr.

brasiliensis. de Cast.	Brésil.	32	398

XLIV. Ptiniores.

Hedobia. Sturm. 1856, 291.

imperialis. L.	Europ. temp.	56	293
pubescens. Fabr.	idem.	—	292
regalis. Duft.	idem.	—	294

Ptinus. L. 1856, 296.

abbreviatus. Boield.	Algérie.	54	B.79
idem. (pl. XIII. f. 11.)	idem.	56	313
advena. Wollast.	Madère.	—	683
albicomus. Boield.	Brésil.	—	503
alboscutellatus. Boield.	Chili.	54	B.80
idem.	idem.	56	493
alpinus. Chevrol.	France m. Grèce.	54	B.78
idem. (pl. X. f. 3.	idem.	56	300
Aubei. Boield.	France m. Sicile.	54	B.81
idem. (pl. XVII. f. 17.) [153]	idem.	56	501
bicinctus. Sturm.	Europe temp.	—	639
bidens. Oliv.	idem.	—	657
bivittatus. Boield.	Brésil.	54	B.80
idem.	idem.	56	494
brunneus. Duft. (pl. XVIII. f. 24.)	Europe m. Etats Unis.	—	649

---

[152] Selon Mr. Chevrolat (1837. p. LIV) c'est le Tillus Weberi Fabr.

[153] Voyez une remarque de Mr. Andrée au sujet de cette espèce 1857 p. CXII.

carinatus. Lucas.	Algérie.	1856	308
crenatus. Fabr.	Europe.	—	656
Dawsonii. Wollast.	Madère.	—	683
dilophus. Illig. (pl. X. f. 1.)	Esp. Portug. Algér.	—	297
dubius. Sturm.	Europe temp.	—	502
Duvalii. Lareynie.	Montpellier.	52	B.90
idem.	idem.	53	127
idem. (pl. XIII. f. 12.)	idem.	56	489
elegans. Solier.	Chili.	—	640
exulans. Erichs. (pl. XVII. f. 16.)	N. Hollande.	—	499
farinosus. Aubé.	Espagne.	54	B.78
idem (pl. X. f. 4.)	idem.	56	302
fossulatus. Lucas.	Algérie.	---	306
foveolatus. Boield.	idem.	54	B.79
idem. (pl. XIII. f. 8.)	idem.	56	309
fragilis. Wollast.	Madère.	—	685
frigidus. Boield.	Mont St. Bernard.	54	B.82
idem. (pl. XIX. f. 1.) [154]	idem.	56	650
fur. L.	Europe Amér. bor.	—	641
germanus. Fabr.	France.	—	487
gibbicollis. Lucas.	Espagne Algér.	—	312
hirticollis. Lucas.	Algérie.	—	655
intermedius. Boield.	Styrie.	54	B.82
idem. (pl. XVIII. f. 22.)	idem.	56	646
irroratus. Kiesenw.	Catalogne.	51	622
idem (pl. X. f. 2.)	Europe mer.	56	299
italicus. Arragona. (pl. XVII. f. 18.)	Italie. Autr. mer.	—	629
latro. Fabr.	Europe.	—	652
lepidus. Villa. (pl. XVIII. f. 19, 20.)	Lombardie.	—	634
longicornis. Wollast.	Madère.	—	684
Lucasii. Boield.	Sicile. Algérie.	—	636
lusitanicus. Illig. (pl. XIII. f. 7.)	Portug. id.	—	303
murinus. Parry.	?	—	682
nigerrimus. Boield.	Ceylan.	54	B.83
idem.	idem.	56	660
nigripennis. Villa.	?	—	682
nitidus. Sturm.	Autriche.	—	314
niveicollis. Boield. (pl. XIX. f. 2.)	St. Domingue.	—	661
nobilis. Boield.	I.d.Franc. Bourb. Madag.	54	B.82
idem.	idem.	56	659
nodulus. Wollast.	Madère.	—	684
obesus. Lucas.	Algérie. Sicile.	—	638

---

[154] Sur cette planche les numeros commencent avec un, pendant que dans le texte et dans l'explication des planches ils sont courrentes.

ornatus. Mueller.	Europe temp.	1856	633
ornatus. Wollast.	Madère.	—	684
phlomidis. Kiesenw.	Grèce.	54	B.80
idem. (pl. XVII. f. 14, 15.)	idem.	56	497
pilosus. Mueller.	France. Allem.	—	648
pilula. Wollast.	Madère.	—	684
pinguis. Wollast.	idem.	—	683
pulchellus. Boield.	Algérie.	54	B.81
idem. (pl. XVIII. f. 21.)	idem.	56	635
pulverulentus. Boield.	Haute Egypte.	54	B.78
idem.	idem.	56	301
pusillus. Sturm.	Europe temp. Brésil?	—	643
4-signatus. Falderm.	Transcauc.	—	681
Reichei. Boield.	Sicile. Grèce. Algér.	54	B.79
idem. (pl. X. f. 5, 6.)	idem.	56	305
rufipes. Fabr.	France temp.	—	631
rufus. Brullé.	Morée.	—	681
scutellaris. Bohem.	Caffrérie.	—	682
6-punctatus. Panz.	Europe.	—	500
6-signatus. Falderm.	Transcauc.	—	681
spinicollis. Solier.	Chili. Montevideo.	—	496
Spitzyi. Villa. (pl. XVIII. f. 23.) [155]	Italie.	—	647
subpilosus. Sturm.	Europe temp.	—	644
sulcatus. Solier.	Chili.	—	497
suturalis. White.	?	—	682
tectus. Boield.	Van Diemen.	—	652
testaceus. Oliv.	Europe temp.	—	654
tomentosus. Boield.	N. Grenade. Venezuel.	54	B.80
idem.	idem.	56	492
variegatus. Rossi. (pl. XVII. f. 13.)	Europe m. Algér.	—	490
xylopertha. Reiche. (pl. XIII. f. 9, 10.)	Syrie.	—	310
Niptus. Boield. 1856, 662.			
elongatus. Boield.	Sicile.	54	B.83
idem. (pl. XIX. f. 3.)	idem.	56	666
globulus. Illig.	Algérie.	—	665
hololeucus. Falderm. (pl. XIX. f. 6, 7.)	Europe. Arménie.	—	664
Trigonogenius. Solier. 1856, 667.			
albopictus. Wollast.	Madère.	56	671
exiguus. Aubé.	Portugal.	54	B.84
idem. (pl. XIX. f. 4.) [156]	idem.	56	672
gibboides. Boield.	Italie. Algérie.	54	B.84

[155] Sous la figure est imprimé Pt. Spitzii.

[156] Sur la planche ces 2 espèces portent le nom generique Niptus. Mr. Boieldieu cite comme synonyme le genre Tipnus Géné.

gibboides. Boield.	Italie. Algérie.	1856	669
niveus. Boield.	Algérie.	54	B.84
idem. (pl. XIX. f. 5.) [156]	idem.	56	670
ptinoides. Reiche.	Tanger.	54	B.83
idem.	idem.	56	668
squalidus. Dej.	Chili. N. Grenade.	—	667
Mezium. Curtis. 1856, 673.			
affine. Sturm.	Europe mer. Algér.	56	674
americanum. de Cast.	Chili.	—	675
sulcatum. Fabr.	Portugal.	—	673
Gibbium. Scopoli. 1856, 676.			
aequinoctiale. Dej.	Colombie.	54	B.84
idem.	idem.	56	679
Chevrolatii. Boield.	I. Canar. Cuba.	54	B.85
idem.	idem.	56	680
scotias. Fabr. (pl. XIX. f. 8, 9.)	Europe temp.	—	678
Anobium. Fabr.			
abietis. Fabr.	France.	54	628
longicorne. Sturm.	idem.	—	629
molle. Fabr.	idem.	—	627
pertinax. L.	idem.	—	631
Trypopitys L. Redh.			
phoenicus. Fairm.	Hyères.	59	53
Xyletinus. Latr.			
hederae. Dufour. (pl. XI. n. II.)	Paris.	43	323
rufithorax. Lareynie	Bordeaux.	52	B.90
idem.	idem.	53	129
sanguineocinctus. Fairm.	Toulon.	59	B.105
striatipennis. Fairm.	Montpellier.	57	638
subrotundatus. Lareynie.	idem.	52	B.91
idem.	idem.	53	130
Dorcatoma. Herbst.			
dichroa. Boield.	Sardaigne.	59	471
Catorama. Guérin.			
palmarum. Guérin.	St. Domingue.	51	B.115
Sallei. Guérin.	idem?	—	B.115

XLV. Bostrichides.

Stenomera. Lucas. 1850, 38.			
Blanchardi. Lucas. (pl. I. n. I.)	Oran.	50	41
Apate. Fabr. 1845, XVI.			
humeralis. Dej.	Oran.	43	B.25
nigriventris. Lucas. [157]	idem.	—	B.25
rufiventris. Lucas.	idem.	—	B.25

---

[157] Voyez une notice 1849. p. XXX.

Trypocladus. Guérin. 1845, XVII.
Xylopertha. Guérin. 1845, XVII.
Bostrichus. Geoffr. 1845, XVII.
Dinoderus. Steph. 1845, XVII.
Rhizopertha. Steph. 1845, XVII.

XLVI. Cissides.

Endecatomus. Mellié. 1848, 213.

dorsalis. Mellié.	Texas.	1848	218
reticulatus. Herbst. (pl. IX. f. 1 — 8.)	Europe mer.	—	216
var. rugosus. Dej.	Amérique sept.	—	217

Xylographus. Dupont. 1848, 218. (pl. IX. f. 9   15.)

anthracinus. Dupont. (pl. IX. f. 17.)	Madagascar.	48	222
bostrichoides. Dufour. (pl. IX. f. 22.)	Sard. France. Algér.	—	231
idem.	France.	50	549
var. Aubéi. Mellié.	idem.	48	232
contractus. Reiche. (pl. IX. f. 20.)	Brésil.	—	227
corpulentus. Kunze. (pl. IX. f. 19.)	Pérou.	—	225
gibbus. Klug.	Colombie.	—	228
hypocritus. Dupont. (pl. IX. f. 16.)	Madagascar.	—	221
madagascariensis. Dupont. (pl. IX. f. 18.)	idem.	—	224
punctatus. Chevrol. (pl. IX. f. 21.)	Colombie.	—	230
Richardi. Mellié.	Cayenne.	—	226

Rhopalodontus. Mellié. 1848, 233.

perforatus. Gyll. (pl. IX. f. 23 — 26.)	Suède. France.	48	234

Cis. Latr. 1848, 236. (pl. X. f. 2 — 6.)

alni. Gyll. (pl. XI. f. 18.)	Europe.	48	338
alpinus. Mellié. (pl. XI. f. 23.)	France.	—	347
atripennis. Chevrol. (pl. X. f. 15.)	Boston.	—	258
betulae. Zetterst.	Laponie.	—	389
2-cornis. Guillebeau. (pl. XII. f. 4.)	France. Suisse.	—	356
2-dentatus. Oliv. (pl. XI. f. 5.)	Europe.	—	322
2-dentulus. Rosenh.	Tyrol.	—	391
boleti. Scopoli (pl. X. f. 1.)	Europe.	—	238
brunneus. Mellié.	Caracas.	—	327
capensis. Dej.	C. d. bonn. Esper.	—	254
castaneus. Mellié. (pl. XI. f. 25.)	France.	—	351
Chevrolatii. Mellié.	N. Orleans.	—	249
comptus. Gyll. (pl. X. f. 20.)	Europe.	—	268
concinnus. Marsh.	Angleterre.	—	387
convexus. Mellié. (pl. XII. f. 6.)	Caracas.	—	359
creberrimus. Reiche. (pl. XII. f. 5.)	N. Orleans.	—	357
dentatus. Gacogne. (pl. XI. f. 6.)	France m. Suisse.	—	324
diadematus. Reiche.	Bahia.	—	331

XLVII. Tenebrionides.

Espèce	Localité		
2-lineatus. Oliv. (pl. XIV. f. 10.)	Sénégal.	1834	534
Boyeri. Solier.	Alger.	—	553
brevicostatus. Solier.	Morée. Syrie.	—	551
carinatus. Solier. (pl. XIV. f. 13.)	Tanger.	—	549
Chauveneti. Solier.	Barbarie.	—	568
costatus. Klug.	Egypte.	—	539
curvipes. Solier.	Barbarie.	—	567
Dejeanii. Solier.	Mesopotamie.	—	543
Duponti. Solier.	Grèce	—	562
Emondi. Solier.	Barbarie.	—	585
europaeus. Dej.	Espagn. Port. Alger.	—	560
exilipes. Lucas.	Algerie.	58 B.180	
Fabricii. Solier.	Mesopotamie.	34	552
gibbus. Oliv.	Egypte.	—	547
glabratus. Klug.	Arabie. Egypte?	—	544
Goryi. Solier.	Barbarie.	—	564
laevis. Solier.	idem.	—	588
laticollis. Solier.	idem.	—	558
Latreillei Solier.	idem.	—	537
latus. Solier.	idem.	—	574
longus. Solier.	Alger. Grèce.	—	553
lusitanicus. Dupont.	Portugal.	—	565
Maillei. Solier. (pl. XIV. f. 12.)	Smyrne.	—	546
marginicollis. Solier.	Barbarie.	—	587
Mittrei. Solier.	idem.	—	591
neapolitanus. Sol. (pl.XII.f.1,2 et XIV.f.11,14.)	Italie mer.	—	571
nidiventris. Solier.	Barbarie.	—	576
nidicollis. Solier.	idem.	—	583
oblongus. Solier.	J. d. Chio.	—	555
orientalis. Brullé. (pl. XIV. f. 15.)	Morée.	—	563
parvus. Solier.	Espagne.	—	557
Peiroleri. Solier.	Sardaigne.	—	590
proximus. Solier.	Barbarie.	—	575
puncticollis. Solier.	Egypte.	—	556
scaber. Solier.	?	—	542
Servillei. Solier.	Egypte.	—	540
siculus. Solier.	Sicile.	—	570
subcostatus. Solier.	Barbarie.	—	580
subnitidus. Solier.	idem.	—	579
subparallelus. Solier.	idem.	—	584
syriacus. Dupont.	Syrie. Afrique sept.	—	592
tangerianus. Solier.	Tanger.	—	581
vicinus. Solier.	Calabre.	—	582

S. g. Dimeriseis. Solier. 1834, 530.

granulosus. Solier. (pl. XIV. f. 7.)	Sénégal. Tripoli?	34	532
laevigatus. Oliv.	Sénégal.	—	531

Stenocara. Solier. 1835, 553.

Bonellii. Solier.	?	1835	565
cavifrons. Solier. (pl. XV. f. 10).	C. d. bonn. Esper.	—	568
conifera. Solier.	idem.	—	559
Fabricii. Solier. (pl. XV. f. 11).	idem.	—	560
gracilipes. Solier.	idem.	—	562
laevicollis. Dej. (pl. XV. f. 9).	idem.	—	561
longipes. Oliv. (pl. XV. f. 8).	idem.	—	557
morbillosa. Fabr.	idem.	—	564
rotundata. Gory.	idem.	—	558
ruficornis. Solier.	idem.	—	569
6-lineata. Dupont.	idem.	—	566
Winthemi. Solier.	idem.	—	567

Metriopus. Solier. 1835, 570.

Hoffmanseggii. Solier. (pl. XV. f. 12 — 14).	C. d. bonn. Esper.	35	571

Megagenius. Solier. 1835, 513.

Frioli. Solier. (pl. XIV. f. 1 — 5).	Barbarie.	35	514

Trientoma. Solier. 1835, 256.

Varvasii. Solier. (pl. V. f. 7 — 10).	Cuba.	35	257

Dailognatha. Stéven. 1835, 258.

Audouinii. Solier.	Constantinople.	35	266
caraboides. Eschsch.	Grèce.	—	265
Carceli. Solier.	Smyrne.	—	265
crenata. Reiche et Saulcy.	Naplouse.	57	196
hispana. Solier.	Espagne.	35	261
impressicollis. Solier.	Grèce.	—	263
rugata. Solier.	idem.	—	263
variabilis. Solier. (pl. V. f. 11, 14, 18).	idem.	—	262
vicina. Dej. (pl. V. f. 12, 13, 15 — 17, 19).	idem.	—	267

Anatolica. Eschsch. 1835, 379.

abbreviata. Eschsch. (pl. VIII. f. 17, 18).	Sibérie.	35	392
angustata. Stév.	idem.	—	384
Audouinii. Solier.	idem.	—	385
Besseri. Falderm.	idem.	—	390
eremita Stév.	Russie.	—	389
gibbosa. Gebl.	Sibérie.	—	382
impressa. Eschsch.	Russie mer.	—	391
lata. Eschsch.	Russ. m. Roy. d. Kirg.	—	387
Maillei. Solier. (pl. VIII. f. 15, 16, 20).	Sibérie.	—	386
subquadrata. Eschsch. (pl. VIII. f. 12—14, 19).	idem.	—	383
tristis. Zoubk.	Russie mer.	—	388

Prochoma. Solier. 1835, 393.

Audouinii. Solier. (pl. IX. f. 1 — 4).	Bagdad.	35	395

Calyptopsis. Solier. 1835, 269.

Emondi. Solier. (pl. VI. f. 1 — 3).	Grèce ?	35	271
Jeremias. Reiche et Saulcy. (pl. V. f. 5).	Jericho.	57	197

[158]) Voyez une note de Mr. Reiche au sujet de cette espèce. 1857 p. 202.

substriata. Dej.	Corse.	1835	332
subsulcata. Reiche et Saulcy.	Naplouse.	57	203
taurica. Tauscher.	Russie mer.	35	354
tristis. Solier.	Tunis.	—	344
Mesostena. Eschsch. 1835, 396.			
elegans. Solier (pl. IX. f. 5, 9.)	Egypte. Smyrne.	35	399
Klugii. Solier.	?	—	404
laevicollis. Solier.	Egypte.	—	402
longicollis. Lucas.	Algérie.	58B.	222
oblonga. Solier (pl. IX. f. 6—8, 10.)	Egypte.	35	401
parvula. Reiche et Saulcy.	Beyrouth.	57	211
puncticollis. Solier.	Egypte.	35	405
punctipennis. Dej.	Egypte. Sénégal.	35	403
Micipsa. Lucas. 1855, XXXIV.			
Douei. Lucas.	Egypte.	56 B.	45
philistina. Reiche et Saulcy. (pl. V. f. 7.)	Naplouse.	57	212
rufitarsis. Lucas.	Algérie.	55 B.	34
Abiga. Guérin. 1859, CLXXXIX.			
Cerisyi. Guérin.	Egypte.	59 B.	190
humilis. Guérin.	Algérie	— B.	189
Cyrta. Lucas 1857, LVI. [159]			
cursor. Guérin.	Algérie.	59 B.	189
striaticollis. Lucas.	idem.	57 B.	56
velox. Guérin.	idem.	59 B.	188
Thalpophila. Solier 1835, 370.			
abbreviata. Eschsch. (pl. VIII. f. 1—5.)	Sénégal.	35	372
polita. Eschsch. (pl. VIII. f. 6, 7.)	Egypte.	—	374
Hegeter. Latr. 1835, 375.			
amaroides. Dupont.	Madère. Espagne.	35	378
striatus. Latr. (pl. VIII. f. 8—11.)	Madère.	—	377
Oxycara. Solier 1835, 254.			
blapsoides. Solier (pl. V. f. 1—6.)	Barbarie.	35	255
Melancrus. Dej. 1857, 190. [160]			
hegetericus. Waltl.	Mer morte. Egypte.	57	193
laevigatus. Reiche et Saulcy. (pl. V. f. 4.)	Beyrouth.	—	192
pygmaeus. Waltl.	Mer morte. Egypte.	—	194
Hyperops. Eschsch. 1835, 275.			
coromandelensis. Dupont. (pl. VI. f. 14.)	Caromandel.	35	279
parvus. Solier.	Sénégal.	—	278
tagenoides. Eschsch. (pl. VI. f. 9—13.)	Sénégal. Algérie.	—	277

---

[159] l. c. est imprimé Cirsa, mais Mr. Lacordaire dit (Genera V. p. 724) que Mr. Lucas a corrigé ce nom en Cyrta. Mr. Guérin donne pour ses es-pèces le nom Cirta.

[160] Voyez une correction 1858 p. 59.

unicolor. Megerle (pl. VI. f. 15.)	Indes orient.	1835	280
Stenosida. Solier 1835, 281.			
tenuicollis. Dupont.	Indes orient.	35	282
Hylithus. Guérin 1835, 408.			
distinctus. Solier. (pl. IX. f. 18.)	Tucuman.	35	411
tentyrioides. Guérin (pl. IX. f. 15—17.)	id.	—	410
Scelosodis. Solier. 1835, 283.			
castaneus. Eschsch. (pl. VI. f. 16—19.)	Egypte.	35	284
Thinobatis. Eschsch. 1835, 406.			
rufipes. Solier. (pl. IX. f. 11—14.)	Chili?	35	407
Melaphorus. Guérin 1835, 412. [161])			
tentyrioides. Dej. (pl. IX. f. 19—21.)	Pérou.	35	413
Cryptochile. Latr. 1840, 248.			
assimile. Dej. (pl. X. f. 9.)	C. d. bonn. Esper.	40	363
costatum. Fabr. (pl. X. f. 6—8.)	idem.	—	252
crassipes. Solier.	idem.	—	364
decoratum. Dupont.	idem.	—	355
distinctum. Solier.	idem.	—	254
fallax. Dej.	idem	—	358
Gayi. Solier.	idem.	—	362
globulum. Reiche.	idem.	—	359
maculatum. Fabr.	idem.	—	251
penicellatum. Solier.	idem.	-—	357
3-lineatum. Reiche.	idem.	—	361
vicinum. Solier.	C. d. b. Esp. Sénégal.	—	254
Horatoma. Solier 1840, 364.			
parvulum. Dej. (pl. X. f. 10—13.)	C. d. bonn. Esper.	40	366
Pachynotelus. Solier 1840, 367.			
albiventris. Solier (pl. X. f. 14—17.)	C. d. bonn. Esper.	40	368
Zopherus. Hope 1841, 39.			
Bremei. Guérin (pl. IX. f. 2.)	N. Grenade.	44	307
Jourdani. Sallé (pl. VIII. f. 4.)	Guatemala.	49	301
laevicollis. Dupont.	Mexique.	41	46
mexicanus. Hope.	idem.	-—	44
nervosus Hope (pl. II. f. 8—15.)	idem.	—	42
nodulosus. Dupont.	idem.	—	43
Nosoderma. Dej. 1841, 31.			
denticulatum. Solier (pl. II. f. 7.)	Mexique.	41	33
Duponchelii. Solier (pl. II. f. 6.)	Cuba.	-—	34
morbillosum. Dej. (pl. II. f. 5.)	Mexique.	—	37
scabrosum. Solier.	Mexique. Brésil.	-—	36
vicinum. Solier. (pl. II. f. 1—4.)	Mexique.	—	38

---

[161]) l. c. est imprimé Stenholma Solier, la correction se trouve dans les Errata 1835.

Eurychora. Thunb. 1837, 154.

ciliata. Thunb. (pl. VII. f. 1—5.)	C. d. bonn. Esper.	1837	157
cinerea. Solier.	idem.	—	159
crenata. Solier,	idem.	—	160
Levaillantii. Lucas.	Algérie.	50 B.	7
major. Solier.	C. d. bonn. Esper.	37	158

Pogonobasis. Solier. 1837, 161.

opatroides. Dej (pl. VII. f. 6 – 8.)	Sénégal.	37	163
ornata. Klug.	Nubie. Egypte.	—	163

Adelostoma. Duponch. 1837, 164.

carinatum. Dej.	Egypte.	37	168
cordatum. Solier.	?	—	169
parvum. Solier.	?	—	170
rugosum Gory.	Sénégal.	—	170
sulcatum. Duponch. (pl. VII. f. 9 - 13.)	Espagne.	—	167

Tagenia. Latr. 1838, 11.

affinis. Solier.	Egypte.	38	26
americana. de Cast. [162])	Chili.	32	411
angustata. Herbst. (pl. I f. 4 — 6.)	France. Ital. Sicil.	38	15
comata. Reiche et Saulcy.	Naplouse.	57	230
corsica. Solier.	Corse.	38	33
elongata. Solier.	Egypte,	—	24
filiformis. Fabr.	Barbarie.	—	27
Frioli. Solier.	id.	–	19
fulvipes. Reiche et Saulcy.	Nazareth.	57	232
graeca. Brullé.	Morée.	38	28
grandis. Solier.	?	—	23
hesperica. Rambur.	Egypte. Malaga.	—	29
hispanica. Solier.	Malaga.	—	25
intermedia. Solier.	Marseille.	—	17
laevicollis. Solier.	Alger.	—	19
minuta. Latr.	Marseille.	—	32
obliterata. Solier.	Barbarie.	—	30
orientalis. Gory.	Barb. Morée.	—	20
pilifera. Solier.	Morée. Italie.	—	21
pubescens. Dej.	Egypte.	—	22
pumila. Géné.	Sardaigne.	—	33
sicula. Solier	Sicile.	—	18
smyrnensis. Dupont.	Smyrne.	—	31
subcostata. Dej.	Espagne.	—	34

Microtelus. Solier 1838, 9.

asiaticus. Dupont. (pl. I. f. 1—3.)	Mont Sinaï. Morée.	38	10

------

[162]) l. c. est imprimé Tapina americana, mais dans les Errata 1833 c'est corrigé en Tagenia.

careniceps. Reiche et Saulcy.	Beyrouth.	1857	227
Leptodes. Dej. 1838, 191.			
Boisduvalii. Dej. (pl. VIII. f. 6—10.)	Turcomanie.	38	193
Cacicus. Dej. 1836, 639.			
americanus. Dej. (pl XXIII. f. 1—7.)	Tucuman.	36	641
Elenophorus. Megerle 1836, 643.			
collaris. Megerle. (pl. XXIII. f. 8 11.)	Europe m. Barbarie.	36	645
Morica. Dej. 1836, 646.			
Jevini. Lucas.	Algérie.	50	B. 4
idem. (pl. XXI. f. 7.)	idem.	56	712
Favieri. Lucas.	Mogador.	59	B.113
obtusa. Dej.	Espagne.	36	650
8-costata. Dej.	Egypte. Barbarie.	—	649
planata. Fabr. (pl. XXIII. f. 12—16.)	Tanger. Malaga.	—	648
Akis. Herbst. 1836, 651.			
acuminata. Fabr.	Espagne. Sicile.	36	657
algeriana. Dupont.	Barbarie.	—	663
barbara. Dej.	Barbar. Sardaign.	—	673
Bayardi. Solier.	Portugal.	—	670
carinata. Dej.	Tanger.	—	674
discoidea. Quensel.	Espagne.	—	661
elevata. Dupont.	Nubie.	—	671
elongata. Brullé.	Grèce.	—	659
Généi. Solier.	Espagne.	—	668
Goryi. Guérin.	Barbarie.	—	676
granulifera. Sahlb.	Espagne.	—	672
hispanica. Solier.	idem.	—	667
italica. Dej.	Rome.	—	674
Latreillei. Solier.	Morée.	—	675
lusitanica. Solier.	Portugal.	—	670
nitida. Solier.	Barbarie.	—	666
Olivieri. Solier.	Sicile. Naples.	—	665
planicollis. Solier.	Barbarie.	—	664
punctata. Thunb. (pl. XXIV. f. 1—5.)	France. Barbar.	—	655
reflexa. Fabr.	Afrique sept.	—	658
Salzei. Solier.	Espagne.	—	662
Sansi. Solier.	Barcelonne.	—	660
spinosa. Fabr.	Europe m. Barb.	—	668
subterranea. Dahl.	Sicile.	—	656
tingitana. Lucas.	Tanger.	58	B.114
Cyphogenia. Solier 1836, 677.			
aurita. Schoenh. (pl XXIV. f. 6—10.)	Russie mer.	36	679
Scaurus. Fabr. 1838, 161.			
aegyptiacus. Solier.	Afrique sept.	38	170
atratus. Fabr. (pl. VII. f. 1—4, 6, 7.)	Europe m. Barbar.	—	183
barbarus. Dupont.	Barbarie.	—	165

---

[163] Voyez une note synonymique au sujet de ces 2 espèces par Mr. Reiche 1857 p. 234.

rubripes. Dupont.	Pérou.	1838	42
Spinolae. Solier.	idem.	—	44
Cryptoglossa. Solier. 1836, 680.			
2-costata. Dupont. (pl. XXIV. f. 11 — 13.)	Mexique.	36	681
Blaps. Fabr. [164]).			
angulata. Reiche et Saulcy.	Mer morte.	57	247
convexa. Reiche et Saulcy.	Beyrouth.	—	243
crassa. Reiche et Saulcy.	Mer morte.	—	245
cribrosa. Solier ♂.	Naplouse.	—	245
indagator. Reiche et Saulcy.	Jerusalem.	—	238
laticollis. Solier ♂.	Mer morte.	—	247
longula. Reiche et Saulcy.	Naplouse.	—	234
rotundicollis. Reiche et Saulcy.	Peloponèse.	—	240
sodalis. Reiche et Saulcy.	Syrie.	—	249
sublineata. Brullé.	Grèce.	—	236
tibialis. Reiche et Saulcy.	idem.	—	241
Machla. Herbst. 1836, 476.			
Duponti. Serv. (pl. XII. f. 1, 4.)	C. d. bonn. Esper.	36	482
rauca. Dupont.	idem.	—	478
serrata. Fabr. (pl. XII. f. 2, 3.)	idem.	—	480
villosa. Herbst.	idem.	—	483
Microschatia. Solier. 1836, 474.			
punctata. Solier. (pl. XI. f. 19 — 22.)	Mexique.	36	475
Stenosides. Solier. 1836, 484.			
graciliformis. Dupont (pl. XII. f. 5 — 8.)	Mexique.	36	486
Pelecyphorus. Solier. 1836, 467.			
asidioides. Solier (pl. XI. f. 17.)	Chili.	36	471
capensis. Solier.	C. d. bonn. Esper.	—	473
foveolatus. Dupont.	Mexique.	—	472
mexicanus. Dupont. (pl. XI. f. 11 — 16, 18.)	idem.	—	469
Asida. Latr. 1836, 408.			
asperata. Solier.	Malaga.	36	450
auriculata. Solier.	Egypte.	—	451
Bayardi. Solier.	Naples.	—	423
bigorrensis. Solier.	Bagn. de Bigorre.	—	430
brevicostata. Solier. (pl. XI. f. 3, 8.)	Barbar. I. Balear.	—	449
carinata. Solier.	Corse.	—	426
cariosicollis. Solier.	Barbarie.	—	446
Chauveneti. Solier.	idem.	—	440
corsica. de Cast.	Corse.	—	436
costulata. Solier.	Lisbonne.	—	455
Dejeanii. Solier. (pl. XI. f. 1, 4, 6, 7, 9, 10.)	France. Italie.	—	420

---

[164]) Voyez les notes synonymiques sur plusieurs espèces de ce genre par Mr. Reiche 1857. p. 250 — 253.

Epipedonta. Solier. 1836, 342.

ebenina. Lacord. (pl. VII. f. 14—17.)	Buen. Ayr. Chili.	1836	343
erythropus. Lacord.	Chili.	—	345

Callyntra. Solier. 1836, 355. (pl. VII. f. 10—13.) [165].

multicostata. Guérin.	Chili.	36	337
rufipes. Solier.	idem.	—	340
Servillei. Solier.	Pérou.	—	341
vicina. Solier.	Amerique mer.	—	339

Cerostena. Solier. 1836, 325.

deplanata. Lacord. (pl. VI. f. 17—22.)	Chili.	36	326
vestita. Lacord.	idem.	—	328

Psectrascelis. Solier. 1836, 311.

brevis. Solier.	Chili.	36	316
discicollis. Lacord.	idem.	–	320
glabratus. Klug. (pl. VI. f. 16.)	Pérou.	—	322
Guérinii. Solier.	Chili.	—	317
mamilloneus. Lacord.	Andes.	—	323
pilipes. Guérin. (pl. VI. f. 9 — 15.)	Chili.	—	314
subdepressus. Solier.	Mexique.	—	318

Mitragenius. Solier. 1836, 328.

Dejeanii. Lacord. (pl. VII. f. 1—3.)	Chili.	36	330

Auladera. Solier. 1836, 331.

andicola. Lacord. (pl. VII. f. 9.)	Andes.	36	334
crenicostata. Guérin. (pl. VII. f. 4—8.)	Chili.	—	333

Entomoderes. Solier. 1836, 346.

Erebi. Lacord. (pl. VII. f. 18— 22.)	Chili.	36	348

Platyope. Fisch. 1836, 10.

Bassii. Solier.	Sibérie.	36	14
granulata. Fisch.	idem.	—	16
lineata. Fabr. (pl. I. f. 1—8.)	Sibérie Russ. m.	—	12
unicolor. Eschsch.	Roy. des Kirguises.	—	15

Diesia. Fisch. 1836, 18.

4-dentata. Fisch. (pl. I. f. 9 — 14.)	Boucharie.	36	20

Trigonoscelis. Solier. 1836, 21.

deplanata. Zoubk. (pl. I. f. 20, 22.)	Roy. d. Kirguis.	36	26
nodosa. Fisch. (pl. I. f. 15—19, 21, 23.)	Roy. d. Kirg. Sibérie.	—	23

Lasiostola. Dej. 1836, 27.

hirta. Dej. (pl. II. f. 2.)	Boucharie.	36	31
pubescens. Dej. (pl. II. f. 1, 3—7.)	Russie mer.	—	29

Pterocoma. Solier. 1836, 42.

gracilicornis. Solier.	Sibérie.	36	47
piligera. Dej	idem.	—	44

---

[165] Dans l'explication de la planche VII, 1836 p. 354 les figures 10 — 13 sont omises.

Sarpae. Fisch. (pl. III. f. 1—4.)	Russ. mer.	1836	46
Prionotheca. Solier. 1836, 39.			
coronata. Oliv. (pl. II. f. 13—16.)	Haute Egypte.	36	41
Trachyderma. Latr. 1836, 32.			
augustata. Solier.	Oran. Sicile.	36	37
Généi. Solier.	Egypte. Barbar. ?	—	38
gomorrhana. Reiche et Saulcy.	Gomorrha.	57	215
hispida. Latr. (pl. II. f. 8—12.)	Egypte. Barbarie.	36	34
Latreillei. Solier.	Sénégal.	—	36
philistina. Reiche et Saulcy.	Damas. Jerusal.	57	214
Thriptera. Solier. 1836, 48.			
asphaltidis. Reiche et Saulcy.	Mer morte.	57	218
crinita. Klug.	Egypte.	36	51
Maillei. Solier.	Haute Egypte.	—	50
Varvasii. Solier. (pl. III. f. 5—9.)	Barbarie.	—	52
villosa. Dej.	idem.	—	53
Pachyscelis. Solier. 1836, 54.			
clavaria. Falderm.	Perse.	36	59
crinita. Dupont.	Barbarie.	—	61
depressa. Solier.	Perse.	—	57
granulosa. Latr. (pl. III. f. 11, 13, 14.)	Grèce.	—	60
hirtella. Latr.	Orient.	—	62
ordinata. Solier.	Perse?	—	58
tenebrosa. Solier.	I. de Millo.	—	60
S. g. Phymatiotris. Solier. 1836, 63.			
obscura. Solier.	Grèce.	36	65
porphyrea. Dopont.	idem.	—	65
quadricollis. Brullé. (pl. III. f. 10, 12, 15.)	idem.	—	63
Gedeon. Reiche et Saulcy. 1857, 219.			
hierichonticus. R. et S. (pl. V. f. 8.)[166].	Jericho.	57	221
Pimelia. Fabr. 1836, 76.			
angulata. Fabr.	Haute Egypte.	36	90
angulosa. Oliv.	Sénégal.	—	91
angusticollis. Solier.	Corse?	—	163
arabica. Solier. v. n. [166].	Arabie.	—	126
arenacea. Solier.	Barbarie.	—	114
asperata. Dej.	Egypte.	—	110
asperula. Solier.	Grèce.	—	182
atlantis. Solier.	Atlas.	—	139
baetica. Dej.	Espagne.	—	170
balearica. Dej.	I. Baleares.	—	111
barbara. Solier. (pl. IV. f. 8—10.)	Europe m. Barb.	—	106

---

[166]) Mr. Reiche annonce 1858 p. 59, que cet insecte est la Pimelia arabica Solier.

Barthelemyi. Solier.	Egypte.	1836	350
2-furcata. J. Christofori.	Sicile.	—	157
2-punctata. Fabr. (pl. IV. f. 12, 15.)	France mer.	—	174
Boyeri. Solier.	Barbarie.	—	143
brevicollis. Dej.	Espagne.	—	172
Buqueti. Lucas.	Algérie.	58 B.	221
capillata. Solier.	Barbarie.	36	194
carinata. Solier.	Egypte.	—	97
cephalotes. Dej.	Russie mer.	—	119
comata. Dej.	Afrique sept.	—	128
consobrina. Lucas.	Algérie.	58 B.	220
crassipes. Solier.	?	36	190
cribra. Dupont.	Mahon.	—	151
cribripennis. Dupont.	Tanger.	—	117
cylindrica. Solier.	Alep.	—	124
Dejeanii. Solier.	Tripolis.	—	132
denticulata. Dej.	Mahon. Orient.	—	95
depilata. Solier.	Egypte.	—	129
depressa. Solier.	Barbarie.	—	116
distincta. Solier.	Espagne.	—	172
Duponti. Solier.	?	—	146
exanthematica. Dej.	Grèce.	—	183
Gadium. Solier.	Cadix. Barbar.?	—	169
Goryi. Solier.	Sardaigne.	—	162
graeca. Stéven.	Grèce.	—	181
grandis. Klug. (pl. IV. f. 11.)	Haute Egypte.	—	133
granifera. Solier.	Barbarie.	—	147
granulata Dej.	idem.	—	103
hemisphaerica. Dupont.	C. d. bonn. Esper.	—	193
hesperica. Dej.	Espagne. Barbar.	—	167
hispanica. Solier.	Espagne.	—	150
incerta. Solier.	Espagne. Portug.	—	166
interjecta. Solier.	?	—	152
interstitialis. Dej. (pl. IV. f. 14, 16.)	Barbarie.	—	105
intertuberculata. Lucas	Algérie.	58 B	220
irrorata. Klug.	Egypte.	36	99
latipes. Solier.	Grèce. Egypte.	—	109
Latreillei. Solier.	Grèce.	—	93
liliputana. Lucas. [167])	Algérie.	57 B	56
lineata. Solier.	Espagne.	36	169
maura. Dej.	Espgn. Portug. Tang.	—	137
mauritanica. Dej.	Barbarie.	—	139
Mittrei. Solier.	Grèce. Egypte.	—	134

---

[167]) Selon Mr. Lucas (1859 p. XXIII et XXIV) ces 2 espèces appartiennent à son genre Leucoloephus.

Mongeneti. Dupont.	Grèce.	1836	177
monilifera. Solier.	Troade.	—	184
nigropunctata. Lucas. [161])	Algérie.	58 B.	180
obesa. Dej.	Tanger. Espagn. m.	36	191
obsoleta. Dej.	Barbarie.	—	104
oxysterna. Solier.	id.	—	121
parallela. Solier.	?	—	125
Payraudii. Latr.	Corse.	—	158
phymatodes. Solier.	Grèce.	—	187
polita. Dej.	idem.	—	176
punctata. Dej.	Espagne.	—	148
radula. Dej.	Barbarie.	—	136
retrospinosa. Lucas.	Algérie.	58 B.	179
rotundata. Solier.	Espagne.	36	149
rugatula. Solier.	Corse.	—	159
rugulosa. Megerle.	Italie mer.	—	155
ruida. Ramb.	Malaga.	—	153
Ryssos. Herbst.	Barbarie.	—	141
salebrosa. Solier.	idem.	—	142
sardea. Mouxi Deloche.	Italie.	—	164
scabrosa. Dej.	Tanger. Cadix.	—	188
Schoenherri. Dej.	Russie mer.	—	117
senegalensis. Oliv.	Sénég. Barbarie.	—	131
sericea. Oliv.	Egypte.	—	95
sericella. Latr.	Grèce.	—	185
serricosta. Solier.	Sénégal.	—	102
Servillei. Solier.	Barbarie.	—	112
simplex. Dej.	idem.	—	123
subglobosa. L.	Russie mer.	—	179
sublaevigata. Solier.	Sicile.	—	154
subquadrata. Solier.	Barbarie.	—	113
subscabra. Dej.	Sicile.	—	160
tenuicornis. Solier.	Tripoli. Sénégal.	—	100
tuberculifera. Lucas.	Algérie.	58 B.	221
undulata. Solier.	Sardaigne.	36	161
Valdanii. Guérin.	Algérie.	59 B.	187
variolosa. Solier.	Espagne mer.	36	130
verruculifera. Solier.	Grèce.	—	180
vestita. Gory. (pl. IV. f. 13.)	Sénégal.	—	98
Leucolocphus. Lucas 1859, XXII. v. n. [161])			
Perrisii. Lucas.	Algérie.	59 B.	23
Podhomala. Solier 1836, 72.			
suturalis. Fisch. (pl. IV. f. 6. 7.)	Russie mer.	36	74
Pterolasia. Solier 1836, 66.			
distincta. Solier.	Sénégal.	36	69
squalida. Dej. (pl. III. f. 16—19.)	idem.	—	68

Polpogenia. Solier. 1836, 70.

asidioides. Dej. (pl. IV. f. 1—5.)	Sénégal.	1836	71

Sepidium. Fabr.

Pradieri. Guérin.	Moka.	58	B.70

Calymmaphorus. Solier. 1840, 245.

cucullatus. Lacord. (pl. X. f. 2.)	Chili. Mendoza. Tucum.	40	246
ursinus. Dej. (pl. X. f. 1, 3—5.)	idem.	—	247

Praocis. Eschsch. 1840, 214.

aenea. Gay et Sol.	Chili.	40	227
Audouinii. Solier.	idem.	—	222
costata. Gay et Sol.	idem.	—	222
costatula. Gay et Sol.	idem.	—	228
curta. Solier.	idem ?	—	226
nigroaenea. Kirby.	Chili.	—	226
rufipes. Eschsch.	idem. Perou.	—	221
rufitarsis. Gay et Sol.	Chili.	—	227
sanguinolenta. Gay et Sol.	idem.	—	223
Spinolae. Gay et Sol. (pl. IX. f. 6—8.)	idem.	—	223
submetallica. Guérin.	idem.	—	224
subsulcata. Gay et Sol. (pl. IX. f. 5.)	idem.	—	224
tibialis. Gay et Sol.	idem.	—	225

S. g. Anthracosomus. Guérin. 1840, 228.

Chevrolatii. Guérin. (pl. IX. f. 9.)	Pérou. Chili.	40	229
Gayi. Solier.	Chili.	—	231
hirtuosa. Gay et Sol.	idem.	—	232
parva. Gay et Sol.	idem.	—	232
rufilabris. Gay et Sol.	idem.	—	233
subcostata. Gay et Sol.	idem.	—	231

S. g. Orthogonoderus. Gay et Sol. 1840, 233.

cribrata. Gay et Sol.	Chili.	40	236
pleuroptera. Gay et Sol.	idem.	—	234
punctata. Gay et Sol.	idem.	—	236
rugata. Gay et Sol.	idem.	—	234
subreticulata. Gay et Sol. (pl. IX. f. 10.)	idem.	—	234
sulcata. Eschsch.	Tucuman.	—	235

Filotarsus. Gay et Sol. 1840, 239.

tenuicornis. Gay et Sol.	Chili.	40	241

Platyholmus. Solier. 1840, 241.

dilaticollis. Lacord. (pl. IX. f. 15—17.)	Chili. Mendoza. Tucum.	40	243
nigritus. Solier.	Chili.	—	244

Eutelocera. Solier. 1840, 237.

viatica. Lacord. (pl. IX. f. 11—14.)	San Louis.	40	238

Coelus. Eschsch. 1840, 211.

ciliatus. Eschsch.	Chili. Californie.	40	213
hirticollis. Buq. (pl. IX. f. 1—4.)	Brésil. Chili.	—	212

Crypticus. Latr.			
inflatus. Reiche et Saulcy.	Peloponèse.	1857	262
longulus. Reiche et Saulcy.	Syrie.	—	263
ulomioides. Fairm. (pl. III. f. 10.) [168]	Madrid.	52	85
Oochrotus. Lucas. 1852, XXIX.			
unicolor. Lucas.	Algérie.	52	B. 29
Bioplanes. Muls.			
impressus. Reiche et Saulcy.	Jérusalem.	57	255
syriacus. Reiche et Saulcy.	Syrie.	—	257
viduus. Reiche et Saulcy.	idem.	—	256
Heteroscelis. Latr. 1836, 502.			
parallelus. Solier.	C. d. bonn. Esper.	36	506
variolosus. Fabr. (pl. XIII. f. 13—20.)	idem.	—	505
Scleron. Hope.			
abbreviatum. Reiche et Saulcy.	Peloponèse.	57	260
Opatrum. Fabr.			
soricinum. Reiche et Saulcy.	Mer morte.	57	259
Platydema. de Cast.			
europaea. de Cast.	France.	57	345
parallela. Fairm.	Sicile. I. d. Chypre.	55	316
subplumbea. Fairm.	Sicile.	56	533
Phthora. Dej.			
crenata. Dej.	France.	57	353
Uloma. Megerle.			
Perroudii. Muls.	France.	57	349
Peltoides. de Cast. 1832, 401.			
cayennensis. de Cast.	Cayenne.	32	402
senegalensis de Cast.	Sénégal.	—	401
Hypophloeus. Fabr.			
ferrugineus. Creutz.	France.	57	356
linearis. Gyll.	idem.	—	360
Diceroderes. Solier. 1841, 46.			
mexicanus. Dej. (pl. II. f. 16—21.) [169]	Mexique.	41	49
Polypleurus. Eschsch. 1838, 194.			
geminatus. Dej. (pl. VIII. f. 11—14.)	Amérique sept.	38	196
punctatus. Solier.	idem.	—	197
Menephilus. Muls.			
curvipes. Fabr.	France.	57	364
Bius. Dej.			
tetraphyllus. Fairm.	Pise.	56	534
Tetraphyllus. de Cast. et Brullé.			
acerbus. Coquerel.	Madagascar.	52	386

---

[168] Sur la planche est imprimé Pedinus ulomioides Fairm.

[169] Selon Mr. Buquet 1840 p. XXIX c'est le Prosomenes mexicanus Dej

acidiperus. Coquerel.	Madagascar.	1852	386
balteatus. Coquerel.	Nossi Bé.	—	387
Buqueti. Coquerel.	Madagascar.	—	389
cuprinus. Coquerel.	idem.	—	392
Deyrollei. Coquerel.	idem.	—	385
lormosus. de Cast. et Brullé.	idem.	—	383
mirificus. Coquerel. (pl. IX. f. 8.)	Nossi Bé.	—	384
purpuratus. Coquerel.	Madagascar.	—	390
smaragdinus. Coquerel.	idem.	—	391
splendidus. de Cast. et Brullé.	idem.	—	386
thoracicus. Coquerel.	idem.	—	394
Misolampus. Latr.			
scabricollis. Graëlls. (pl. I. f. 4.)	Guadarrame.	51	15
Helops. Fabr.			
acutipennis. Reiche et Saulcy.	Jourdain.	57	269
fulvipes. Reiche et Saulcy.	Naplouse.	—	267
striatus. Geoffr.	France.	—	369
tuberculiger. R. et S. (pl.V. f. 11.) [170]	Athènes.	—	265
Valdanii. Guérin.	Cabylie.	59	B.190
Spheniscus. Kirby.			
Chevrolatii. Rojas. (pl. XX. n. II. f. 3.)	Caracas.	56	695
Stenochia. Kirby.			
saracena. R. et S. (pl. V. f. 10.) [170]	Beyrouth.	57	270
Adelphus. Dej.			
Guérinii. Coquerel.	Madagascar.	52	381

XLVIII. Cistelides.

Lobopoda. Solier. 1835, 233.			
striata. Solier.	Bahia.	35	235
S. g. Monoloba. Solier. 1835, 235.			
dircaeoides. Solier.	Brésil.	35	236
Allecula. Fabr. 1835, 237.			
Dietopsis. Solier. 1835, 236.			
Cistela. Fabr. 1835, 244.			
Prionychus. Solier. 1835, 237.			
ater. Fabr.	France.	57	373
Mycetochares. Latr. 1835, 244.			
Podonta. Solier. 1835, 247.			
Cteniopus. Solier. 1835, 246.			
Omophlus. Megerle. 1835, 246.			
Megischia. Solier. 1835, 247.			
Mecocerus. Solier. 1835, 241.			
Dejeanii. Solier.	Brésil.	35	242

---

[170]) Dans le texte les numeros de la planche sont confondés.

LVI. Mordellides.

Mordella. L.
obtusata. Bris. — Hyères. Montpell. 1859 B. 233
Anaspis. Geoffr.
maculata. Fourcroy. — France. 47 32
pyrenaea. Fairm. et Bris. — Pyrenées. 59 54
Silaria. Muls.
Mulsanti. Bris. — Provence. 59 B. 234

LIX. Meloïdes.

Meloë. L.
Chevrolatii. Coquerel. (pl. IX. f. 3.) — Madagascar. 52 395
coelatus. Reiche et Saulcy. — Jourdain. 57 271
sardous. Géné. — Sardaigne. 36 B. 3
sericellus. Reiche et Saulcy. (pl. V. f. 12.) — Naplouse. Nazareth. 57 273
Mylabris. Fabr.
Dufourii. Graëlls. (pl. I. f. 5.) — Guadarrame. 51 16
Hieracii. Graëlls. — idem. — 17
intersecta. Latr. — Athènes. Asie m. Syr. 57 274
sobrina. Graëlls. — Guadarrame. 51 20
Zonitis. Fabr.
nigripennis. Fabr. var. — Alger. 49 B. 63
Sitaris. Latr.
Solieri. Pecchioli. (pl. XVIII. f. II.) — Pise. 39 529

LX. Oedémérides.

Xanthochroa. Schmidt.
carniolica. Gistl. — France. 57 391
Nacerdes. Stéven.
maritima. Coquerel. — Madagascar. 48 177
melanura. L. — France. 57 393
Pseudolycus. Guérin. 1833, 155. (pl. VII. A f. 2—6.)
atratus. Guérin. — I. de King. 33 158
cinctus. Guérin. — idem. — 157
homopterus. Guérin. — Terres austral.? — 158
marginatus. Guérin. (pl. VII. A. f. 1.) — Port Jackson. — 156
Oedemera. Oliv.
dispar. Dufour. — France mer. 41 8

LXI. Curculionides.

Bruchus. Fabr.
albolineatus. Blanch. — Messine. Milazzo. 44 B. 82

albopunctatus. Blanch.	Messine.	1844	B. 83
calabrensis. Blanch.	Calabre.	—	B. 82
concolor. Blanch.	Castellamare.	—	B. 84
costatus. Blanch.	idem.		B. 84
fulviventris. Blanch.	idem.	—	B. 82
gracilis. Blanch.	Palerme.	—	B. 82
grandicornis Blanch.	Messine.	—	B. 83
laticornis. Blanch.	idem.	—	B. 83
latus. Blanch.	Sicile.	—	B. 83
lutescens. Blanch.	idem.	—	B. 84
minimus. Blanch.	Messine.	—	B. 84
obscuricornis. Blanch.	idem.	—	B. 82
obsoletus. Blanch.	idem.	—	B. 83
oblongus. Blanch.	idem.	—	B. 84
ovalis. Blanch.	idem.	—	B. 84
plagiatus. Reiche et Saulcy.	Peloponèse.	57	649
taormensis. Blanch.	Taormine.	44	B. 83
S. g. Pachymerus. Latr.			
Icamae. Guérin.	Quito.	58	B. 230
Spermophagus. Stéven.			
semifasciatus. Schoenh. ♂	La Plata.	58	B. 28
Choragus. Kirby.			
Sheppardi. Kirby. (pl. XI. n. I.)[171].	Paris.	43	318
Rhynchites. Herbst.			
ruber. Fairm.	Constantinople.	59	B. 104
splendidulus. Kiesenw.	Catalogne.	51	626
Diodyrhynchus. Germ.			
attelaboides. Fabr. [172]).	France.	56	435
Auletes. Schoenh.			
cisticola. Fairm.	Hyères.	59	B. 163
pubescens. Kiesenw.	Catalogne.	51	627
Myrmacicelus. Chevrol. 1833, 358.			
2-striatus. Chevrol. (pl. XV. B.) [173]).	Port Jackson.	33	359
Apion. Herbst.			
arrogans. Wenker.	France mer.	58	B. 106
burdigalense. Wenker.	Bordeaux.	—	B. 237
Capiomonti. Wenker.	France mer.	—	B. 105
Caullei. Wenker.	Bretagne.	—	B. 21
galactidis. Wenker.	France mer.	—	B. 22

---

[171]) Voyez quelques corrections 1844 p. XL.

[172]) Voyez une remarque de Mr. Jacquelin du Val 1857 p. 85.

[173]) l. c. est imprimé M. formicarius Latr. mais dans les Errata 1833 cette faute est corrigée.

subnudus. Fairm. [174)	Hautes Pyrenées.	1856	537
tubericollis. Fairm.	idem.	52	86
Sciaphilus. Schoenh.			
costulatus. Kiesenw.	Lac de Seculejo.	51	629
Amomphus. Dohrn. [175)			
Cottyi. Lucas.	Algérie.	57	B.124
Eusomus. Germ.			
smaragdulus. Fairm.	Galice.	59	B.151
Sitones. Germ.			
2-sphaericus. Chevrol.	Beyrouth.	57	669
Scytropus. Schoenh.			
squamosus. Kiesenw.	Catalogne.	51	631
Diaprepes. Schoenh.			
Doublierii Guérin.	St. Domingue.	46	B.104
Praepodes. Schoenh.			
albosquamosus. Sallé. (pl. XIV. f. 3.)	Haïti.	55	268
Polydrusus. Germ.			
Bohemanni. Kiesenw.	Catalogne.	51	632
salsicola. Fairm.	Somme.	52	689
setifrons. Chevrol.	Montpellier.	—	710
Metallites. Schoenh.			
Fairmairii. Kiesenw.	Catalogne.	51	633
Cleonus. Megerle.			
Maresii. Lucas.	Algérie.	57	B. 56
Miegii. Fairm.	Madrid.	55	317
ornatus. R. et S. (1858. pl. I. f. 2.)	Beyrouth.	57	672
Pelletii. Fairm.	Provence.	59	B. 52
samaritanus. Reiche et Saulcy.	Samarie.	57	671
tesselatus. Fairm.	Andalousie.	49	424
Eublepharus. Gay et Sol. 1839, 11.			
Rouleti. Gay et Sol. (pl. I. f. 1—6.) [176)	Chili.	39	17
Servillei. Gay et Sol. (pl. I. f. 7—8.)	idem	—	15
S. g. Ceropsis. Gay et Sol. 1839, 19. [177)			
Germari. Gay et Sol. (pl. I. f. 13—15.)	Chili.	39	21
Schoenherri. Gay et Sol. (pl. I. f. 9—12.)	idem.	—	19
Lithinus. Klug. 1859, 246.			
humeralis. Coquerel. (pl. VII. f. 5.)	Nossi Bé.	59	248

[174) Selon Mr. Jacq. d. V. c'est un Metallites (1857. p. LIII). Mr. Fairmaire repond 1857. p. LIX.

[175) Mr. Lucas cite comme synonyme le genre Aspidiotes Schoenh.

[176) Mr. Solier dit 1839 p. L, que cette espèce doit être nommée Eubl. nodipennis Hope.

[177) Selon Mr. Solier (1839 p. L) ce sousgenre est le genre Lophotus Schoenh.

ludiosus. Bohem.	Madagasc. Nossi Bé.	1859	248
nigrocristatus. Coquerel.	Madagascar.	—	250
niveus. Coquerel. (pl. VII. f. 6.)	idem.	—	249 •
planus. Coquerel.	idem.	—	251
superciliosus. Klug.	idem.	—	247
Liophloeus. Germ.			
cyanescens. Fairm.	Mont Dore.	59	57
ovipennis. Fairm.	Grande Chartreuse.	58	878
Barynotus. Germ.			
auronubilus. Fairm.	Hautes Pyrenées.	56	539
illaesirostris. Fairm.	Pyrenées orient.	59	58
viridanus. Fairm.	Hautes Pyrenées.	56	538
Rhytidophloeus. Schoenh. 1859, 252.			
albipes. Bohem. (pl. VII. f. 7.)	Madagasc. Nossi Bé.	59	253
Hylobius. Schoenh.			
abietis L.	France.	56	432
alphoeus. R. et S. (1858. pl. I. f. 3.)	Peloponèse.	57	675
Plinthus. Germ.			
granulipennis. Fairm. (pl. III. f. 9.)	Sicile.	52	89
Phytonomus. Schoenh.			
cypris. Reiche et Saulcy.	I. de Chypre.	57	679
globosus. Fairm.	France.	58	879
maculipennis. Fairm.	Corse.	59	279
nigrovelutinus. Fairm.	Hautes Pyrenées.	—	56
Procas. Steph.			
Saulcyi. Reiche et Saulcy.	i. de Chypre.	57	677
Limobius. Schoenh.			
globicollis. Reiche et Saulcy.	Peloponèse.	57	680
Coniatus. Germ.			
chrysochlora. Lucas.	Algérie.	48	B. 18
Mimonti. Boield. (pl. VIII. f. 8.)	Grèce.	59	474
Rhytirhinus. Schoenh.			
atticus. Reiche et Saulcy.	Athènes.	57	686
deformis. Reiche et Saulcy. [178])	idem.	—	684
laesirostris. Fairm.	Corse.	59	278
Linderi. Fairm.	Pyrenées orient.	52	87
Phyllobius. Schoenh.			
lateralis. Reiche et Saulcy.	Peloponèse.	57	682
xanthocnemus. Kiesenw.	Lac de Seculejo.	51	634
Meira. Jacq. d. V. 1852, 711.			
crassicornis. Jacq. d. V.	Montpellier.	52	713
elongata. Fairm.	Dep. du Var.	59	B.104
suturella. Fairm.	Hyères.	—	59

---

[178]) M. Reiche change 1858 p. 60 le nom Rh. horridus, qui est imprimé l. c., parce que dans ce genre existe déjà une espèce de ce nom.

Peritelus. Germ.

adusticornis. Kiesenw.	Catalogne.	1851	635
flavipennis. Jacq. d. V.	Montpellier.	52	713
Marqueti. Gaut. des Cottes.	Provence.	57	B.136
prolixus. Kiesenw.	Pyrenées.	51	636

Elytrurus. Boisd.

alatus. Saund. et Jeckel. (pl. XV. f. 1.)	N. Hébrides.	55	290
marginatus. Saund. et Jeckel. (pl. XV. f. 2.) idem.		—	291

Isomerinthus. Schoenh.

barbipes. Saund. et Jeckel. (pl. XV. f. 3.)	Lord Howe Island.	55	293

Trigonops. Guérin.

dispar. Saund. et Jeckel. (pl. XV. f. 4.)	N. Hébrides.	55	295

Otiorhynchus. Germ.

amplipennis. Fairm.	Mont Rose.	59	B.185
2-sphaericus. Chevrol.	Athènes.	57	692
corsicus. Fairm.	Corse.	59	280
cupreosparsus. Fairm.	Alpes marit.	—	B.150
cypricola. Reiche et Saulcy.	I. de Chypre.	57	688
Ghilianii. Fairm.	Spezzia.	56	540
graniger. Reiche et Saulcy.	Peloponèse.	57	694
guttula. Fairm.	Corse.	59	281
impressiventris. Fairm.	Hautes Pyrenées.	—	60
meridionalis. Dej.	Provence.	40	108
nitidus. Reiche et Saulcy.	Syrie.	57	690
planidorsis. Fairm.	Hautes Pyrenées.	56	541
stricticollis. Fairm.	idem.	59	B.164

Elytrodon. Schoenh.

Chevrolatii. Reiche et Saulcy. (pl. I. f. 4.)	Naplouse.	58	5

Lixus. Fabr.

venustulus. Dej.	France mer.	54	661

Larinus. Schueppel.

carlinae. Oliv.	France.	58	283

Rhinocyllus. Germ.

Lareynii. Jacq. d. V.	Montpellier.	52	714

Orthorhinus. Schoenh.

laetus. Saund. et Jeckel. (pl. XV. f. 5.)	N. Hébrides.	55	297
Leseleuci. Jeckel. (pl. XV. f. 6.)	idem.	—	298
variegatus. Saund. et Jeckel. (pl. XV. f. 7.)	N. Hollande.	—	300

Pissodes. Germ.

notatus. Fabr.	France.	56	424

Magdalinus. Germ.

carbonarius. Fabr.	France.	56	256

Erirhinus. Schoenh.

tomentosus. Fairm.	Provence.	59	61

Lignyodes. Schoenh.

rudesquamosus. Fairm.	Provence.	57	740
suturatus. Bris.	Moravie.	59	B.237

Otidocephalus. Chevrol. 1832, 100.

americanus. Chevrol. (pl. III. f. 3.)	Etats Unis.	32	105
flavipennis. Chevrol. (pl. III. f. 4.)	Mexique.	—	106
formicarius. Oliv. (pl. III. f. 6.)	St. Domingue.	—	108
mexicanus. Chevrol. (pl. III. f. 1.)	Mexique.	—	102
myrmecodes. Klug.	?	—	445
pilosus. Chevrol. (pl. III. f. 2.)	Rio Janeiro.	—	104
Poey. Chevrol. (pl. III. f. 5.)	Havane.	—	107

Anthonomus. Germ.

Roberti. Wenker.	Dep. du Var.	58	B.236

Lonchophorus. Chevrol. 1832, 216.

humeralis. Klug.	Cuba.	32	442
obliquus. Chevrol. (pl. V. f. 1.)	Rio Janeiro.	—	218
parasita. Fabr. (pl. V. f. 2, 3.)	Cayenne.	—	218

Tychius. Germ.

amplicollis. Aubé.	Sicile.	50	342
aureolus. Kiesenw.	Catalogne.	51	640
cinnamomeus. Kiesenw.	idem.	—	639
cretaceus. Kiesenw.	idem.	—	638
strigosus. Reiche et Saulcy.	Athènes.	58	8

S. g. Microtrogus. Schoenh.

procerulus. Kiesenw.	Catalogne.	51	641

Smicronyx. Schoenh.

fulvipes. Reiche et Saulcy.	Athènes.	58	10

Sibynes. Schoenh

parallelus. Kiesenw.	Sicile.	51	642
silenes. Perris.	Dep. des Landes.	55	B. 78

Orchestes. Illig.

irroratus. Kiesenw.	Pyrenées.	51	643
melanarius. Kiesenw.	Catalogne.	—	645
rufus. Oliv.	France.	58	296
tricolor. Kiesenw.	Catalogne.	51	644

Anchonus. Schoenh.

cribricollis. Coquerel. (pl. XIV. n. IV. f. 1.)	Martinique.	49	448

Styplus. Schoenh.

cuneipennis. Aubé.	Piemont.	50	341
muscorum. Fairm.	Bagn. d. Luchon. Lyon.	48	170
ulcerosus. Aubé.	Imérétie.	50	341
unguicularis. Aubé.	France centr.	—	340
verrucosus. Kiesenw.	Pyrenées orient.	51	646

Baridius. Schoenh.

opiparis. Jacq. d. V.	Montpellier.	52	715

tabaci. Sallé. (pl. XIV. f. 4.)	Haïti.	1855	269
virescens. Brullé. var.	Syrie.	58	12
Sophrorhinus. Rouzet. 1855, 80.			
Duvernoyi. Rouzet. (pl. VII. n. III.)	Gabon.	55	80
Tretus. Chevrol. 1833, 63.			
loripes. Chevrol. (pl. III. f. 2.)	Sénégal.	33	64
Physothorus. Gay et Sol. 1839, 22. [179])			
Boyeri. Gay et Sol. [180])	Chili.	39	27
Goureaui. Gay et Sol.	idem.	—	26
laevirostris. Gay et Sol.	idem.	—	25
Maillei. Gay et Sol. (pl. II. f. 1 – 5.)	idem.	—	24
Elmidomorphus. Cussac. 1851, 205. [181])			
Aubéi. Cussac. (pl. IV. n. II.)	Lille.	51	206
Cleogonus. Schoenh.			
Fairmairei. Coquerel. (pl. XIV. n. V.)	Martinique.	49	450
Hybomorphus. Saund. et Jeckel. 1855, 301.			
melanosomus. Saund. et Jeck. (pl. XV. f. 8.)	Lord Howe Island.	55	304
Ceutorhynchus. Schueppel.			
acalloides. Fairm.	Montpellier.	57	639
albohispidus. Fairm.	idem.	—	640
2-scutellatus. Chevrol.	Provence.	59	B.20
chlorophanus. Rouget.	Dijon.	57	752
Drabae. Laboulb. (pl. IV. f. 8.)	Paris.	56	161
metallinus. Fairm.	Madrid.	52	90
raphaelensis. Chevrol.	Dep. du Var.	59	B. 18
Cionus. Clairv.			
gibbifrons. Kiesenw.	Catalogne.	51	647
Gymnaetron. Schoenh.			
campanulae. L.	France.	58	903
Mecinus. Germ.			
dorsalis. Aubé.	Mans.	50	343
filiformis. Aubé.	idem.	—	344
Nanophyes. Schoenh.			
cuneatus. Kiesenw.	Catalogne.	51	650
flavidus. Aubé.	Paris.	50	345
stigmaticus. Kiesenw.	Perpignan.	51	649
transversus. Aubé.	Marseille.	50	346

[179]) Selon Mr. Solier 1839 p. L ce genre correspond au genre Rhyephenes Schoenh.

[180]) D'après Mr. Solier 1839 p. L c'est le Rhyephenes Incas Schoenh.

[181]) Selon Mr. Jacquelin du Val ce genre est synonyme du genre Bagous Germ. (1852 p. 733). Mr. Cussac repond à cette remarque 1853 p. XXXI. Mr. Schaum dit que c'est le Bagous petrosus Herbst. 1853. p. IX. Une commission decide 1854 p. 521 que le genre est synonyme de Bagous, pendant, que l'espèce est nouvelle.

Nanodes. Schoenh.

hemisphaericus. Oliv.	France.	1854	655

Calandra. Fabr.

aurofasciata. de Brême. (pl. IX. f. 7, 7e.)	Colombie.	44	308
securifera. Gaede (pl. XVII. C. f. 1.)	Java.	33	458

Sphenophorus. Schoenh.

liratus. Schoenh. (pl. XIV. n. III. f. 1.) [182]	Martinique.	49	447

Mesites. Schoenh.

aquitanus. Fairm.	La teste de Buch.	59 B.	52
cribratus. Fairm.	Bosphore.	56	542
pallidipennis. Schoenh.	Bordeaux.	48 B.	37
idem.	France.	56	252

Rhyncolus. Creutz.

angustus. Fairm.	Algérie. Hyères.	59 B.	164
porcatus. Mueller.	France.	56	248
strangulatus. Perris.	idem.	—	250

Choerorhinus. Fairm. 1857, 742.

squalidus. Fairm. (pl. XIV. n. I. f. 3.)	Sicile.	57	743

Pentarthrum. Wollast.

Huttoni. Wollast.	Angleterre.	57	744

Dryophthorus. Schueppel.

lymexylon. Fabr.	France.	56	246

LXII. Xylophages.

Platypus. Herbst.

oxyurus. Dufour. (pl. XI. f. 4.) [183]	Vallée d'Ossan.	50	300

Tomicus. Latr.

2-dens. Fabr.	France.	56	188
coryli. Perris.	Dep. des Landes.	55 B.	78
decolor. Boield. (pl. VIII. f. 7.)	Péronne.	59	473
eurygraphus. Erichs.	France.	56	196
laricis. Fabr.	idem.	—	185
ramulorum. Perris.	idem.	—	192
stenographus. Duft.	idem.	—	177

Crypturgus. Erichs.

pusillus. Gyll.	France.	56	202

Scolytus. Geoffr.

amygdali. Guérin.	France.	47 B.	47

Phloeotribus. Latr.

oleae. Latr.	Provence.	40	106

---

[182] Seulement figurée.
[183] Cette espèce est seulement figurée.

Hylesinus. Fabr.

Aubéi. Perris.	Dep. d. Landes.	1855 B.	78
oleiperda. Fabr.	Provence.	40	104
Thujae. Perris.	Dep. des Landes.	55 B.	77

Hylurgus. Erichs.

ligniperda. Fabr.	France.	56	205
minor. Hartig.	idem.	—	221
piniperda. L.	idem.	—	209

Hylastes. Erichs.

angustatus. Herbst.	France.	56	228
ater. Payk	idem.	—	223
attenuatus. Erichs.	idem.	—	229
palliatus. Gyll.	idem.	—	225
variolosus. Perris.	idem.	—	229

LXIII. Longicornes.

Thaumasus. Reiche 1853, 420.

gigas. Oliv. (pl. XIII. n. IV.)	N. Grénade.	53	422

Spondylis. Fabr. 1832, 131.

buprestoides. Fabr.	France.	56	443

Cantharocnemis. Serv. 1832, 132.

spondyloides. Dupont.	Sénégal.	32	132

Notophysis. Serv. 1832, 158.

lucanoides. Serv.	I. d. Kanguroo.	32	159

Psalidognathus. Gray. [184]

Sallei. Thoms.	Venezuela.	58 B.	246

Macrodontia. Serv. 1832, 139 et 1839, 124.

Dejeanii. Gory. (pl. IX.)	Colombie.	39	127
flavipennis. Chevrol. (pl. III. f. 1.) [185]	Brésil.	33	65

Acanthophorus. Serv. 1832, 152.

Titanus. Serv. 1832, 133.

Enoplocerus. Serv. 1832, 146.

Ctenoscelis. Serv. 1832, 134 et 1843, 232.

acanthopus. Germ.	Brésil.	43	237
ater. Oliv.	Cayenne.	—	233
Dyrrachus. Buq (pl. IX. f. 1.)	idem.	—	235
Nausithous. Buq. (pl. IX. f. 2.)	Bolivie.	—	236

Mecosarthron. Buq. 1843, 239.

tuberculatus. Oliv.	Cayenne.	43	239

---

[184] Voyez un mémoire de Mr. Reiche sur ce genre et sur le genre Prionacalus White. 1850. p. 264.

[185] Voyez quelques additions à la description de cette espèce 1839. p. 128.

Ancistrotus. Serv. 1832, 135.

aduncus. Buq. (pl. I. n. I.)[186]	Brésil.	1853	41
hamaticollis. Dej.	Brésil. Caracas.	32	137
Servillei. Blanch.	Chili.	59	484

Hoplideres. Serv. 1832, 147.

aquilus. Coquerel. (pl. VII. f. 2.)	Nossi Bé.	59	254
spinipennis. Dupont.	Madagascar.	32	148
idem.	idem.	59	254

Ergates. Serv. 1832, 143.

faber. L.	France.	56	447
Huberti. Buq.	Brésil.	40	B. 28

Malloderes. Dupont.

microcephalus. Dupont. [187]	Chili.	59	483

Stenodontes. Serv. 1832, 173.
Basitoxus. Serv. 1832, 174.

armatus. Serv.	Brésil.	32	175
Maillei. Serv.	idem.	—	175

Mallodon. Serv. 1832. 176.

Limae. Guérin.	Chili.	59	485

Colpoderus. Serv. 1832, 178.

caffer. Klug.	C. d. bonn. Esper.	32	179

Thyrsia. Dalm. 1832, 179.
Platygnathus. Dej. 1832, 150.

parallelus. Dupont.	Ile de France.	32	151

Callipogon. Serv. 1832, 140.

barbatum. Fabr.	Mexique.	32	142

Orthomegas. Serv. 1832, 149.
Orthosoma. Dej. 1832, 155.
Stictosomus. Serv. 1832, 153.

semicostatus. Dupont.	Cayenne.	32	154

Anacanthus. Serv. 1832, 165.

costatus. Dej.	Brésil.	32	166

Coelodon. Latr. 1832, 164.
Macrotoma. Dej. 1832, 137.
Prinobius. Muls. 1859. CXXXIV.

Atropos. Chevrol.	Syrie.	59	B.136
idem.	idem.	—	B.230
Gaubilii. Chevrol.	Constantine.	—	B.135
idem.	idem.	—	B.228

---

[186] l. c. est imprimé uncinatus, mais Mr. Buquet change ce nom 1853 p. XXIV, parce que dans ce genre existe déjà une espèce de ce nom.

[187] Selon MM. Fairmaire et Germain la ♀ de cette espèce est l'Amallopodes scabrosus Lequien.

Germari Muls.	Dep. du Var.	1859	B.229
Goudotii. Chevrol. ♀	Tanger.	—	B.230
lethifer. Fairm. ♂ [188]	Algérie.	—	B.138
idem. ♀	idem.	—	B.149
Myardi. Muls.	Corse.	—	B.136
idem.	idem.	—	B.229
scutellaris. Germ.	Dep. du Var.	—	B.135
idem.	idem.		B.227
Rhaphipodus. Serv. 1832, 168.			
suturalis. Dupont.	Borneo.	32	169
Hoploscelis. Serv. 1832, 169.			
lucanoides. Dupont.	Sénégal.	32	170
Aulacopus. Serv. 1832, 144.			
reticulatus. Dej.	Sénégal.	32	145
Aegosoma. Serv. 1832, 162.			
Tragosoma. Dej. 1832, 159.			
Megopis. Dej. 1832, 161.			
mutica. Dej.	Ile de France.	32	162
Monodesmus. Dej. 1832, 160.			
callidioides. Dej.	Cuba.	32	161
Charica. Serv. 1832, 197.			
cyanea. Dupont.	Cayenne.	32	198
Meroscelisus. Serv. 1832, 157.			
violaceus. Dej.	Brésil.	32	158
Derobrachus. Dej. 1832, 154.			
Agyleus. Buq. (pl. XII. f. 2.)	Colombie.	52	657
brevicollis. Dej.	Amerique sept.	32	155
Levoiturieri. Buq. (pl. IX. f. 1.)	Colombie.	42	203
Polyoza. Serv. 1832, 166.			
Lacordairei. Dej.	Brésil.	32	167
Microplophorus. Blanch.			
castaneus. Blanch.	Chili.	59	485
magellanicus. Blanch.	idem.	—	485
Closterus. Serv. 1832, 193.			
flabellicornis. Chevrol.	Ind. orient. Madagasc.	32	194
Prionus. Geoffr. 1832, 191.			
besikanus. Fairm.	Bosphore.	55	318
Polyarthron Serv. 1832, 189.			
barbarum. Lucas.	Algérie.	58	B.179
pectinicorne. Serv.	Sénégal.	32	190
Pyrodes. Serv. 1832, 186.			

---

[188] Selon Mr. Guérin. (1859 p. CXCI) et Mr. Chevrolat (1859 p. CCXXVIII) cette espèce est synonyme du Pr. Gaubilii Chevrol.

Rhachidion. Serv. 1834, 54.			
nigritum. Dej.	Brésil.	1834	55
Charinotus. Dupont. 1834, 39.			
fasciatus. Dupont.	Brésil.	34	40
Dendrobias. Dupont. 1834, 41.			
mandibularis. Dupont.	Mexique.	34	42
maxillosus. Dupont.	Et. Unis? Amer. m.?	—	44
Xylocaris. Dupont. 1834, 47.			
oculata. Dupont.	Brésil. Buen. Ayres.	34	48
Trachyderes. Dalm. 1834, 45.			
Ancylosternus. Dupont. 1834, 49.			
Oxymerus. Solier. 1834, 50.			
Cryptobias. Dupont. 1834, 35.			
coccineus. Dupont.	Brésil.	34	36
Desmoderus. Dej, 1834, 37.			
variabilis. Dupont.	Caracas.	34	38
Dorcacerus. Dej. 1834, 30.			
Crioprosopus. Serv. 1834, 53.			
Servillei. Dupont.	Mexique.	34	54
Stenaspis. Serv. 1834, 51.			
verticalis. Dupont.	Mexique.	34	52
Lophonocerus. Latr. 1834, 33.			
Amphidesmus. Dej. 1834, 65.			
4-dens. Dej.	C. d. bonn. Esper.	34	66
Prodontia. Serv. 1834, 64.			
dimidiata. Dej.	Brésil.	34	65
Pteroplatus. Dej. 1840, 385.			
arrogans. Buq.	Colombie.	40	390
2-lineatus. Buq.	idem.	41	154
dimidiatipennis. Buq.	idem.	—	153
elegans. Buq.	idem.	—	152
fasciatus. Buq.	idem.	—	151
gracilis. Buq.	idem.	40	388
nigriventris. de Brême. (pl. IX. f. 4.)	idem	44	310
pulcher. Buq.	idem.	40	386
Rostainei. Buq.	idem.	—	389
suturalis. Buq.	idem.	—	387
transversalis. de Brême. (pl. IX. f. 3.)	idem.	44	309
variabilis. Sallé. (pl. XIII. f. 2, 2a.)	Caracas.	49	430
Ceragenia. Serv. 1834, 32.			
Chlorida. Serv. 1834, 31.			
costata. Dej.	Brésil.	34	32
obliquata. Buq. (pl. XII. f. 1.)	Colombie.	52	655
Phoenicocerus. Latr. 1834, 28.			
costicollis. Dupont.	Brésil.	34	29

Dejeanii. Latr.	Brésil.	1834	29
Fabricii. Dej.	idem.	—	29
rotundicollis. Dupont.	idem.	—	29
Hamaticherus. Dej. 1834, 15.			
bellator. Dej.	Amerique mer.	34	15
intricatus. Fairm.	Italie.	48	167
mauritanicus. Buq.	Algérie.	40	395
Cerambyx. L. 1834, 13. [189]			
Xestia. Serv. 1834, 16.			
spinipennis. Dej.	Brésil.	34	17
Criodion. Ser. 1833, 571.			
angustatum. Buq.	Brésil.	52	358
2-vittatum. Buq.	idem.	—	356
Feisthamelii. Buq. (pl. VII. f. 5.)	Cayenne.	—	355
modestum. Buq.	Brésil.	—	357
sculpticolle. Buq.	Colombie.	—	356
tomentosum. Dej.	Brésil.	33	572
Ptycholaemus. Chevrol. 1858, 322.			
Troberti. Chevrol. (pl. VIII. f. 5.)	Guinée.	58	324
Platyarthron. Dej.			
6-lineatum. Buq.	Colombie.	59	624
Trachelia. Serv. 1834, 25.			
maculicollis. Serv.	Amerique mer.	34	26
8-lineata. Serv.	idem.	—	26
pustulata. Dej.	Brésil.	—	25
Purpuricenus. Ziegl. 1833, 568.			
aetnensis. Bassi. (pl. XI. f. 7.)	Sicile.	34	471
barbarus. Lucas.	Algérie.	51	B. 11
Dumerilii. Lucas.	idem.	—	B. 11
ferrugineus. Fairm.	Madrid.	52	91
Loreyi. Duponch. (pl. XII. f. 4.) [190]	Marseille?	37	309
Koehleri. Fabr.	France.	33	569
var. Servillei. Ziegl.	Paris.	—	569
Anoplistes. Serv. 1833, 570.			
Deltaspis. Serv. 1834, 7.			
auromarginata. Dupont.	Mexique.	34	8
Rosalia. Serv. 1833, 561.			
Polyschisis. Serv. 1833, 564.			

[189] Voyez les remarques synonymiques sur les espèces de ce genre par Mr. Reiche et une note sur le C. Mirbeckii Lucas par le même 1854 p. 80.

[190] Selon Mr. Buquet (1841 p. 325) c'est une Eburia. Mr. Blanchard propose 1842 p. 49 pour cette espèce le nom générique Heterops et présume, qu'elle vient des Antilles.

Callisphyris. Newm. v. n. [194])
apicicornis. Fairm. et Germain.	Chili.	1859	497
asphaltinus. Fairm. et Germain.	idem.	—	497
macropus. Newm.	idem.	—	496
semicaligatus. Fairm. et Germain.	idem.	—	496

Pachyteria. Serv. 1833, 553.
Jonthodes. Serv. 1833, 558.
formosa. Dej.	Sénégal.	33	559

Aromia. Serv. 1833, 559.
Callichroma. Latr. 1833, 556.
chilensis. Blanch.	Chili.	59	487

Colobus. Serv. 1833, 554.
Litopus. Serv. 1833, 563.
violaceus. Serv.	C. d. bonn. Esper.	33	563

Promeces. Serv. 1834, 27.
Adalbus. Fairm. et Germain. 1859, 490.
crassicornis. Fairm. et Germain.	Chili.	59	490
dimidiatipennis. Fairm. et Germain.	idem.	—	492
flavipennis. Fairm. et Germain.	idem.	—	491

Orthostoma. Serv. 1834, 61.
Compsocerus. Serv. 1834,62.
Disaulax. Serv. 1833, 562.
Cosmisoma. Serv. 1834, 19.
Coremia. Serv. 1834, 22.
erythromera. Dej.	Brésil.	34	23

Chrysoprasis. Serv. 1834, 5.
festiva. Dupont.	Cayenne.	34	7

Eriphus. Serv. 1834, 88.
immaculicollis. Serv.	Brésil.	34	89
mexicanus. Serv.	Mexique.	—	89

Callideriphus. Blanch.
grossipes. Blanch.	Chili.	59	505
laetus. Blanch.	idem.	—	505
tenuis. Blanch.	idem.	—	506
testaceicornis. Fairm. et Germain.	idem.	—	505

Malacopterus. Serv. 1833, 565.
Eurymerus. Serv. 1833, 566.
eburioides. Serv.	Brésil.	33	566

Eburia. Serv. 1834, 8.
morosa. Dej.	Brésil.	34	10
sericea. Sallé. (pl. XIV. f. 6.)	Haïti.	55	271
speciosa. Blanch.	Chili.	59	486

Cerasphorus. Serv. 1834, 10.
hirticornis. Dej.	Sénégal.	34	11

Trichophorus. Serv. 1834, 17.
obliquus. Dej.	Brésil.	34	18

Mallocera. Serv. 1833, 567.
glauca. Dej. — Cayenne. Brésil. — 1833 — 567

Elaphidion. Serv. 1834, 66.

Sphaerion. Serv. 1834, 63.
cyanipennis. Dej. — Brésil. — 34 — 68

Cordylomera. Serv. 1834, 23.
nitidipennis. Dej. — Sénégal — 34 — 24

Tmesisternus. Latr. 1834, 72.

Holopterus. Blanch.
araneipes. Fairm. et Germain. — Chili. — 59 — 500
chilensis. Blanch. — idem. — — — 500
compressicornis. Fairm. et Germain. — idem. — — — 501

Xystrocera. Serv. 1834, 69.
nigrita. Dej. — Sénégal. — 34 — 70

Oeme. Newm. [191]
annulicornis. Buq. — Brésil. — 59 — 627
decorata. Buq. — idem. — — — 625
filiformis. Buq. — Sénégal. — — — 628
pallida. Buq. — Brésil. — — — 626

Temnopis. Serv. 1834, 90.
taeniatus. Dej. — Brésil. — 34 — 91

Stromatium. Serv. 1834, 80.

Tragidion. Serv. 1834, 89.

Achryson. Serv. 1833, 572.
lineolatum. Erichs. — Chili. — 59 — 506

Hesperophanes. Dej.
cinereus. Blanch. — Chili. — 59 — 509
inspergatus. Fairm. et Germain. — idem. — — — 509

Grammicosum. Blanch.
flavofasciatum. Blanch. — Chili. — 59 — 507
flavonitidum. Fairm. et Germain. — idem. — — — 507
minutum. Blanch. — idem. — — — 507
semipolitum. Fairm. et Germain. — idem. — — — 508
signaticolle. Blanch. — idem. — — — 507

Phymatioderus. Blanch.
2-zonatus. Blanch. — Chili. — 59 — 510

Ancylodonta. Blanch.
tristis. Blanch. — Chili. — 59 — 510

Criocephalus. Muls.
rusticus. L. — France. — 56 — 453

Arhopalus. Serv. 1834, 77.

Asemum. Eschsch. 1834, 79.

---

[191] Mr. Buquet cite comme synonyme le genre Sclerocerus Dej.

Saphanus. Dej. 1834, 81.			
cylindraceus. Fairm.	Espagne mer.	1849	426
Hylotrupes. Serv. 1834, 77.			
bajulus. Fabr.	France.	56	456
Symplezocera. Lucas. 1851, CVI.			
Laurasii. Lucas.	Algérie.	51	B.107
Callidium. Fabr. 1834, 74.			
2-guttatum. Sallé (pl. XX. n. I. f. 2.)	Haïti.	56	688
submetallicum. Blanch.	Chili.	59	511
Mallosoma. Serv. 1834, 68.			
bicolor. Sallé. (pl. XX. n. I. f. 1.)	Haïti.	56	687
elegans. Dej.	Brésil.	34	69
Plectrocerum. Dej.			
cribratum. Sallé (pl. XX. n. I. f. 3.)	Haïti.	56	689
Clytus. Fabr. 1834, 83.			
Boryi. Gory et de Cast.	Chili.	59	504
chilensis. Gory et de Cast.	idem.	—	504
consobrinus. Lucas.	Algérie.	51 B.	31
Hartwegii. White. ♂	Mexique.	57 B.	48
Jekelii. White.	Chili.	59	504
Lorquinii. Buq.	Californie.	—	629
nebulosus. Gory et de Cast.	Chili.	—	504
5-punctatus. Lucas.	Algérie.	48 B.	48
Tillomorpha. Blanch.			
lineoligera. Blanch.	Chili.	59	503
myrmicaria. Fairm. et Germain.	idem.	—	503
Amctrocephala. Blanch.			
monstrosa Blanch.	Chili.	59	503
Piezocera. Serv. 1834, 92.			
2-vittata. Dej.	Brésil.	34	93
Clostrocera. Serv. 1834, 82.			
Banonii. Serv.	?	34	83
Gracilia. Serv. 1834, 81.			
timida. Ménétr.	Algérie.	49 B.	66
Obrium. Megerle 1834, 93.			
Cartallum. Serv. 1834, 94.			
Stenygra. Serv. 1834, 95.			
histrio. Serv.	Mexique.	34	97
ibidionoides. Serv.	Brésil.	34	98
tricolor. Dej.	idem.	—	97
Oxilus. Buq. 1859, 619.			
terminatus. Buq. (pl. XIV. f. 5.)	Sénégal.	59	620
Ibidion. Serv. 1834. 103.			
2-tuberculatum. Serv.	Brésil.	34	105
comatum. Dej.	idem.	—	104
fusiferum. Serv.	idem.	—	106

pictum Dej.	Brésil.	1834	106
6-guttatum. Dej.	idem.	—	105
signatum. Dej.	idem.	—	104
Stizocera. Serv. 1834, 107.			
armata. Serv.	Brésil.	34	107
Ozodes. Serv. 1834, 98.			
nodicollis. Dej.	Brésil.	34	99
Listroptera. Serv. 1834, 71.			
Rhopalophora. Serv. 1834. 100.			
sanguinicollis. Dej.	Brésil.	34	101
Elaphopsis. Serv. 1834, 101.			
rubida. Dej.	Amerique mer.	34	101
Cycnoderus. Serv. 1834, 101.			
tenuatus. Serv.	Brésil.	34	102
Chenoderus. Fairm. et Germain. 1859, 532.[192]).			
testaceus. Blanch.	Chili.	59	502
tricolor. Fairm. et Germain.	idem.	—	502
Stenorhopalus. Blanch.			
gracilis. Blanch.	Chili.	59	502
Ancylocera. Serv. 1834, 107.			
Deilus. Serv. 1834, 73.			
Icosium. Lucas. 1854, VIII et 1857, 611.			
tomentosum. Lucas.	Algérie.	54	B. 9
idem. (pl. XIII. n. II.)	idem.	57	613
Euporus. Serv. 1834, 20.			
strangulatus. Dej.	Indes orient?	34	21
viridis. Serv.	Inde.	—	21
Oregostoma. Serv. 1833, 551.			
coccineum. Gory. [193]).	Brésil.	33	553
collare. Dej.	idem.	—	553
discoideum. Serv.	idem.	—	552
nigripes. Serv.	idem.	—	552
Rhinotragus. Germ. 1833, 549.			
analis. Serv.	Brésil.	33	550
suturalis. Dej.	idem.	—	550
Odontocera. Serv. 1833, 546.			
cylindrica. Serv.	Brésil.	33	548
vitrea. Serv.	Cayenne.	—	547

---

[192]) Les 2 espèces de ce genre sont l. c. citées sous le nom generique Cycnoderus Blanch, mais parce que Mr. Serville avait deja employé ce nom pour une autre coupe générique dans les Longicornes MM. Fairm. et Germain le changent.

[193]) l. c. est imprimé O. rubricorne Serv., mais Mr. Serville a changé ce nom dans les Errata du même volume.

Acyphoderes. Serv. 1833, 549.			
Hephaestion. Newm.			
flavicans. Fairm. et Germain.	Chili.	1859	495
gracilipes. Blanch.	idem.	—	493
macer. Newm.	idem.	—	493
ocreatus. Newm.	idem.	—	492
opacus. Fairm. et Germain.	idem.	—	494
pallidicornis. Fairm. et Germain.	idem.	—	493
rufofemoratus. Fairm. et Germain.	idem.	—	494
virescens. Fairm. et Germain.	idem.	—	495
Stenopterus. Illig. 1833, 545.			
molorchoides. Guérin. [194]).	Chili.	59	498
Sthelenus. Buq. 1859, 621.			
ichneumoneus. Buq. (pl. XIV. f. 4.)	Cayenne.	59	622
Tomopterus. Serv. 1833, 544,			
staphylinus. Dupont.	Brésil.	33	545
Necydalis. L. 1833. 543.			
Necydalopsis. Blanch.			
femoralis. Fairm. et Germain.	Chili.	59	499
3-zonatus. Blanch.	idem.	—	499
Platynocera. Blanch.			
lepturoides. Blanch.	Chili.	59	499
rubriceps. Blanch.	idem.	—	499
Leptocera. Dej. 1834, 109.			
Acrocinus. Illig. 1835, 16.			
Macropus. Thunb. 1835, 18.			
Oreodera. Serv. 1835, 19.			
cinerea. Serv.	Brésil.	35	20
pubicornis. Dej.	idem.	—	21
Megabasis. Serv. 1835, 53.			
speculifer. Dej.	Brésil.	35	54
Polyrhaphis. Serv. 1835, 26.			
angustatus. Buq.	Cayenne.	53	445
Grandini. Buq.	Brésil.	—	444
Dryoctenes. Serv. 1835, 27.			
caliginosus. Serv.	Brésil.	35	28
Anisocerus. Serv. 1835, 79.			
Onychocerus. Serv. 1835, 83.			
Gymnocerus. Serv. 1835, 84.			
scabripennis. Serv.	Cayenne.	35	85
Steirastoma. Serv. 1835, 24.			
acutipenne. Sallé. (pl. XX. n. I. f. 4.)	Haïti.	56	691

------

[194] Mr. Fairmaire et Mr. Germain croient, que cette espèce appartient au genre Callisphyris Newm.

Acanthoderus. Serv. 1835, 29.

7-maculatus. Buq.	Cayenne.	1859	635

Brachychilus. Blanch.

lituratus. Blanch.	Chili.	59	518
scutellaris. Blanch.	idem.	—	517

Astynomus. Dej.

Edmondi. Fairm.	Sicile.	52	B. 63
obliquatus. Fairm. et Germain.	Chili.	59	511

Aedilis. Serv. 1835, 52.

grisea. Fabr.	France.	56	463
griseofasciata. Dej.	Brésil.	35	33
montana Serv.	France.	56	461
signata. Dej.	Brésil.	35	33

Oedopeza. Serv. 1835, 88.

pogonocheroides. Dupont.	Cayenne.	35	88

Anisopus. Serv. 1835, 30.

arachnoides. Dej.	Cayenne. Brésil.	35	31

Lejopus. Serv. 1835, 86.

asperipennis. Fairm. et Germain.	Chili.	59	513
femoratus. Fairm.	Constantinople.	—	62
melancholicus. Dej.	Cayenne.	35	87
soricinus. Fairm. et Germain.	Chili.	59	512
varipennis. Serv.	Brésil.	35	87

Microplia. Serv. 1835, 21.

agilis. Serv.	Brésil.	35	22

Exocentrus. Megerle.

pusillus. Blanch.	Chili.	59	514

Pogonocherus. Megerle. 1835, 57.

accentifer. Fairm. [195].	Provence.	56	543
decoratus. Fairm.	Haut. Pyrenées.	55	320
latifrons. Blanch. [196].	Chili.	59	514
sertifer. Serv.	Brésil.	35	59
setosus. Dej.	?	—	58

Desmiphora. Serv. 1835, 62.

Tapeina. Encycl. 1835, 23.

Taeniotes. Serv. 1835, 90.

Monohammus. Megerle. 1835, 91.

galloprovincialis. Oliv.	France.	56	467

Triammatus. Chevrol. 1857, 107.

Saundersii. Chevrol.	Borneo.	57	107

Hammoderus. Dej.

Buquetii. Thoms. (pl. VIII. f. 1.)	Mexique.	56	324

---

[195] l. c. est imprimé Pogonocerus accentifer Fairm.
[196] C'est le type du genre Aectropsis. Blanch.

Pteroplius. Serv. 1835, 65.

acuminatus. Dej.	Brésil.	1835	66

Rhaphiptera. Serv. 1835, 66.

nodifera. Dej.	Brésil.	35	66

Omacantha. Serv. 1835, 89.

Apriona. Chevrol. 1859, 630.

gracilicornis. Buq. (pl. XIV. f. 2.)	Java.	59	632
tomentosa. de Haan.	Guinée.	—	633

Cerosterna. Dej.

pollinosa. Buq.	Java.	59	634

Pachystola. Dej.

texata. Chevrol. (pl. VIII. f. 4.)	Angole?	58	321

Lamia. Fabr. 1835, 93.

jucunda. Gory. (pl. II. A. f. 1.)	Madagascar.	35	139
radiata. Gory. (pl. II. A. f, 2.) [197]).	Galam.	—	141

Morimus. Serv. 1835, 95.

obsoletus. Fairm.	Bosphore.	59	62

Ceroplesis. Serv. 1835, 93.

Tragocephala. Dupont.

formosa. Oliv.

var. praetoria. Chevrol. (pl. VIII f. 8.)	Afrique mer.	58	328

Tragiscoschaema. Thoms.

gracilicornis. Chevrol. (pl. VIII. f. 7.) [198]).	Port Natal.	58	326

Phymasterna. Dej.

cretacea Coquerel.	Madagascar.	52	397
4-dentata. Buq	idem.	—	398

Sternotomis. Perch.

Thomsonii Buq. (pl. VII. n. II.)	Madagasc Nossi Bé.	55	78

Ceratites. Serv. 1835, 34.

jaspidea. Dej.	Sénégal.	35	35

Rhytiphora. Serv. 1835, 37.

Oncideres. Serv. 1835, 67.

Compsosoma. Serv. 1835, 55.

mutillaria. Klug.	Brésil	35	56
niveosignata. Dej.	idem.	—	56
variegata. Serv.	idem.	—	57

Trachysomus. Serv. 1835, 40 et 1852, 349.) [199]).

camelus. Buq. (pl. VII. f. 2.)	Cayenne.	52	352

---

[197]) Selon Mr. Dupont (1835 p. 665) c'est une variété d'Ano-plosthaeta lactator Fabr.

[198]) D'apres Mr. Chevrolat (1859 p. V) cette espèce est la Tragocephala amabilis Perroud.

[199]) Mr. Serville cite 1835 p. 40 comme synonyme le genre Hypselomus Silberm.

dromedarius. Buq. (pl. VII. f. 3.)	Colombie.	1852	353
elephas. Buq. (pl. VII. f. 1.) [200].	Brésil.	—	351
fragifer. Kirby.	idem.	—	350
gibbosus. Buq. (pl. VII. f. 4.)	idem.	—	354
Hypsioma. Serv. 1835, 38.			
gibbera. Dej.	Brésil.	35	39
Zygocera. Dej.			
picturata. Fairm. et Germain.	Chili.	59	518
Hesycha. Dej. 1859, 523.			
cribripennis. Fairm. et Germain.	Chili.	59	523
Crossotus. Serv. 1835, 52.			
plumicornis. Dej.	Sénégal.	35	53
Lachnia. Serv. 1835, 63.			
subcincta. Serv.	Cayenne?	35	64
Coptops. Serv. 1835, 64.			
parallela. Dupont.	Sénégal.	35	64
Aconopterus. Blanch.			
cristatipennis. Blanch.	Chili.	59	515
laevipennis. Blanch.	idem.	—	516
Mesosa. Megerle. 1835, 43.			
Xylotribus. Serv. 1835, 80.			
heterocerus. Dupont.	Cayenne.	35	80
Eudesmus. Serv. 1835, 81.			
fascinus. Dupont.	Brésil.	35	82
grisescens. Serv.	Cayenne.	—	82
Mallonia. Thoms. [201].			
albosignata. Chevrol. (pl. VIII. f. 3.)	?	58	320
Ptychodes. Chevrol. 1835, 74.			
politus. Chevrol.	Mexique.	35	75
Pelargoderus. Serv. 1835, 72.			
vittatus. Serv.	Java.	35	73
Gnoma. Fabr. 1835, 71.			
Dorcadion. Dalm. 1835, 96.			
Lorquinii. Fairm.	Sierra Nevada.	55	322
Perezi. Graëlls. (pl. I. f. 8.)	Guadarrame.	51	24
Hoplonotus. Blanch.			
spiniferus. Blanch.	Chili.	59	516
subarmatus. Fairm. et Germain.	idem.	—	516
Parmena. Megerle. 1835, 98.			
pilosa. Dej.	Marseille.	35	100

---

[200] Mr. Buquet annonce 1859 p. LCXXXV, qu'il a reconnu dans cette espèce le Cerambyx verrucosus Oliv. et qu'elle doit porter le nom Tr. verrucosus Oliv.

[201] C'est le genre Mastigocera Dej.

Sphenura. Dej.

chrysocephala. Coquerel.	Madagascar.	1852	400
guttula. Coquerel.	idem.	—	399

Saperda. Fabr. 1835, 45.

luctuosa. Dej.	Brésil.	35	46
senegalensis. Dej.	Sénégal.	—	48

Oberea. Megerle.

pupillata. Gyll.	France.	44	B. 51

Phytoecia. Dej.

Aumontiana. Lucas.	Algérie.	51	B. 41
Bethseba. Reiche et Saulcy. (pl. I. f. 6.)	Palestine.	58	17
Jezabel. Reiche et Saulcy. (pl I. f. 5.)	Jérusalem.	—	13
orbicollis. Reiche et Saulcy.	Naplouse.	—	15

Emphytoecia. Fairm. et Germain. 1859, 529.

aboliturata. Blanch.	Chili.	59	530
dimidiata. Blanch.	idem.	—	531
lineolata. Blanch.	idem.	—	530
sutura-alba. Fairm. et Germain.	idem.	—	531
suturella. Blanch.	idem.	—	530

Spathoptera. Latr. 1835, 50.

albilatera. Dej.	Brésil.	35	51

Hemilophus. Serv. 1835, 49.

dimidiaticornis. Dej	Brésil.	35	50

Phoebe. Serv. 1835, 37.

Catognatha. Blanch.

gracilis. Blanch.	Chili.	59	529

Agapanthia. Serv. 1835, 35.

Lais. Reiche et Saulcy.	Peloponèse.	58	21
osmanlis. Reiche et Saulcy. (pl. I. f. 7.)	Constantinople.	—	19
smaragdina. Dej.	Franc. m. Dalm. Russ. m.	40	84
violacea. Fabr.	France.	—	84

Cometes. Encycl. 1835, 208.

Distenia. Encycl. 1835, 207.

Desmocerus. Dej. 1835, 202.

aureipennis. Chevrol. (pl. VIII. f. 6.)	Mont. rocheuses.	58	325

Stenoderus. Dej. 1835, 210.

Vesperus. Dej. 1835, 203.

Xatarti. Muls. (pl. XI. f. 6.)	Espagne.	50	348

Rhagium. Fabr. 1835, 205.

indagator. Fabr.	France.	56	473

Rhamnusium. Megerle. 1835, 204.

Toxotus. Megerle. 1835, 211.

Pachyta. Megerle. 1835, 213.

Servillei. Maille.	Amérique sept.	35	214

Euryptera. Encycl. 1835, 222.

venusta. de Brème. (pl. IX. f. 8.)	Brésil.	44	311

Strangalia. Serv. 1835, 220.

suturata. Reiche et Saulcy.	Peloponèse.	1858	22

Leptura. L. 1835, 217.

chlorotica. Fairm.	Hautes Pyrenées.	59	B.216
militaris. Chevrol. (pl. XII. n. III.)	Mont. rocheuses.	58	529
oblongomaculata. Buq.	Stora.	40	396
rubrotestacea. Illig.	France.	56	477
rufa. Dej.			
var. 3-signata. Fairm.	Madrid.	52	92

Grammoptera. Serv. 1835, 215.

LXIV. Chrysomelines.

Alurnus. Fabr.

cyaneus. de Brême. (pl. IX. f. 5.)	Colombie.	44	312
Landsbergei. Sallé. (pl. XIII. f. 3.)	Caracas.	49	432
undatus. Reiche. (pl. IX. f. 6.)	Colombie.	44	311

Arescus. Perty.

caudatus. Sallé. (pl. XIII. f. 4.)	Caracas.	49	433
4-maculatus. Sallé. (pl. XIII. f. 5. [202])	idem.	—	435

Hispa. L.

cariosa. Reiche et Saulcy.	Jérusalem.	58	54

Cephaloleja. Chevrol.

pulchella. Coquerel.	Madagascar.	52	404

Aspidimorpha. Hope.

4-remis. Schoenh.	Sénégal.	49	B.53

Cassida. L.

filaginis. Perris.	Dep. des Landes.	55	B.79
nigriceps. Fairm.	Madrid.	52	92
palaestina. Reiche et Saulcy.	Jérusalem.	58	55

Adimonia. Laich.

gibbosa. Reiche et Saulcy.	Peloponèse.	58	40
monticola. Kiesenw.	Pic du Midi.	51	655
orientalis. Osculati.	Syrie. Turquie.	58	40

Agelastica. Chevrol.

dilativentris. Reiche et Saulcy.	Beyrouth. Caraman.	58	42

Monolepta. Chevrol.

lepida. Reiche et Saulcy. (pl. I. f. 10.)	Jourdain.	58	41

---

[202] Mr. Chevrolat dit 1851 p. XXI que cette espèce est la ♀ du caudatus Sallé. Voyez aussi un mémoire (1858 p. 61—71) dans lequel Mr. Rojas decrit toutes les variétés ♂ et ♀ de cette espèce. 1849 p. 433 est probablement par faute typographique imprimé A. cordatus.

Haltica. L.

discedens. Boield. (pl. VIII. f. 9.) [203]	Montpellier.	1859	475
erucae. Fabr.	Paris.	43	9
hippophaës. Aubé.	Alpes. Jura.	—	8
lythri. Aubé.	Europe.	—	8
oleracea. L.	idem.	—	8
pallida. Boield. [204]	Montpellier.	59	478
parallela. Boield.	idem.	—	476
variipennis. Boield. (pl. VIII. f. 10.)	idem.	—	477

Graptodera. Chevrol.

ampelophaga. Guérin.	France m. Algérie.	59	B.166
basalis. Chevrol.	France.	—	B.168
carduorum. Guérin.	idem.	—	B.167
cicatrix. Illig.	idem.	—	B.168
epilobii. Allard.	idem.	—	B.167
ericeti. Allard.	Dep. des Landes.	—	B.166
erucae. Fabr.	France.	—	B.165
helianthemi. Allard.	France mer.	—	B.166
hippophaës. Aubé.	France. Savoie.	—	B.167
lythri. Aubé.	France.	—	B.167
mercurialis. Fabr.	idem.	—	B.168
oleracea. L.	France sept.	—	B.166
potentillae. Allard.	France.	—	B.167
ruficollis. Lucas.	Algérie. Caramanie.	—	B.168
sicula. Aubé.	Sicile.	—	B.167

Crepidodera. Chevrol.

punctulata. Allard.	Syrie.	59	B.100

Orestia. Chevrol. 1859, CCXLII.

Aubei. Allard.	Transsylvanie.	59	B.242
Leprieuri. Allard.	Algérie.	—	B.260

Phyllotreta. Chevrol.

aerea. Allard.	Paris.	59	B.100
2-maculata. Allard.	France. m. Sicile. Algér.	—	B.100
corrugata. Reiche et Saulcy.	Beyrouth.	58	46
corynthia. Reiche et Saulcy.	Athènes.	—	47
rufitarsis. Allard.	Algérie.	59	B.100

Aphthona. Chevrol.

atratula. Allard.	Hyères.	59	B.101
depressa, Allard.	France. Algérie.	—	B.101
flaviceps. Allard.	Provence.	—	B.100

---

[203] Selon Mr. Allard 1859 p. CCXLI c'est la Podagrica distinguenda Jacq. d. V.

[204] D'après Mr. Allard 1859 p. CCXLI c'est l'Aphthona flaviceps Allard et ce dernier nom doit être préferé, parce qu'il y a déjà une Aphthona pallida Bach.

fossulata. Allard.	Provence.	1859	B.101
semicyanea. Allard.	Hyères.	—	B.101
subovata. Allard.	Algérie.	—	B.101
Longitarsus. Latr.			
signata. Reiche et Saulcy.	Constantinople.	58	49
Psylliodes. Latr.			
algerica. Allard.	Algérie.	59	B.261
crassicollis. Fairm.	Montpellier.	57	641
Gougeletii. Allard.	Galice.	59	B.260
inflata. Reiche et Saulcy.	Beyrouth.	58	50
vicina. Boield.	Montpellier.	59	479
Plectroscelis. Chevrol.			
balanomorpha. Boield. (pl. VIII. f. 12.) [205]	Pyrenées.	59	481
depressa. Boield. [206]	Mont. de Cette.	—	482
Fairmairii. Boield. (pl. IX. f. 4.) [207]	Somme.	52	
major. Jacq. d. V.	Montpellier.	—	717
meridionalis. Dej.	France mer.	59	B.105
obesa. Boield. (pl. VIII. f. 11.) [208]	Montpellier.	—	480
pumila. Dej.	France mer.	—	B.105
Balanomorpha. Chevrol.			
lutea. Allard.	France.	59	B.105
Apteropeda. Chevrol.			
ovoides. Allard.	Tarbes.	59	B.106
Podagrica. Chevrol.			
saracena. Reiche et Saulcy.	Damas.	58	52
Argopus. Fisch.			
brevis. Allard.	Hyères.	59	B.260
Cyrtonus. Dalm. 1850, 535.			
angusticollis. Fairm.	Andalousie.	50	543
brevis. Fairm.	Catalogne.	—	547
curtus. Fairm.	Galice.	—	547
Dufourii. Dej.	Espagne.	47	B.103
idem.	Portugal. Pyrenées.	50	546
elegans. Germ.	Portugal.	—	541
eumolpus. Fairm.	Espagne.	—	545
montanus. Fairm.	idem.	—	542
plumbeus. Fairm.	Espagne mer.	—	540
punctipennis. Fairm.	Pyrenées or.	57	744
rotundatus. Muls.	France mer.	50	539

[205]) Selon Mr. Allard 1859 p. CCXLI c'est la Plectr. angustata Rosenh.
[206]) D'après Mr. Allard 1859 p. CCXLI c'est la Plectr. Schueppelii Dej.
[207]) Cette espèce est seulement figurée et selon Mr. Fairmaire 1852 p. 690 elle est une var. de la Pl. Sahlbergi Gyll.
[208]) D'après Mr. Allard 1859 p. CCXLI c'est une variété de la Plectr. Sahlbergi Gyll.

resplendens. Suffr. [209]	Sicile. Barbar.	1858	535
Rossii. Illig.	Europe mer.	53	112
rufa. Duft.	Autriche.	—	106
rufoaenea. Suffr.	Espagne. Vendée.	58	553
salviae. Germ.	Europe mer.	—	564
sanguinolenta. L.	Europ. sept. et moyen.	54	315
Schottii. Suffr.	Europe mer.	53	112
Sparshalli. Curtis.	Sicile. Angleterre.	54	314
squalida. Suffr.	Silesie.	53	107
stachydis. Géné.	Sard. Corse. Andal.	58	565
staphylaea. L.	Europe.	53	102
subaenea. Suffr.	Lac de Seculejo.	—	126
subferruginea. Suffr.	Montpellier.	—	103
subseriata. Suffr.	Italie.	54	324
Suffriani. Fairm.	Corse.	59	282
sulcata. Fisch.	Russie or.	54	325
tagana. Suffr.	Portugal.	53	95
thalassina. Reiche et Saulcy.	Damas.	58	29
unicolor. Suffr.	Italie. Sardaigne.	53	122
varians. Fabr.	Europe. sept. et temp.	—	108
varipes. Suffr.	France mer.	—	99
ventricosa. Suffr.	Naples.	58	539
vernalis. Brullé.	Europe centr.	53	114
violacea. Panz.	idem.	58	532
viridana. Kuest.	Sard. Corse. Andal.	—	536
Oreina. Chevrol.			
melanocephala. Megerle.	Mont Rose.	47	142
nigriceps. Fairm.	Hautes Pyrenées.	56	545
Entomoscelis. Chevrol.			
berytensis. Reiche et Saulcy.	Beyrouth.	58	36
Helodes. Fabr.			
suturella. Reiche et Saulcy. (pl. I. f. 9.)	Beyrouth.	58	38
Dia. Dej.			
oblonga. Blanch.	Messine.	45 B.	4
Arachnosphaerus. Thoms. 1856, 329.			
megacephalus. Thoms. (pl. VIII. f. 6.) [210]	Mozambique.	56	329
Clythra. Laich.			
Guérinii. Bassi (pl. XI. f. 8.)	Sicile.	34	472
Coptocephala. Chevrol.			
azurea. Reiche et Saulcy.	Syrie.	58	26

[209] l. c. est imprimé Chr. ignita Oliv. mais dans l'annotation sur la même page Mr. Suffrian change ce nom, parceque la Chr. ignita Oliv. est un autre insecte.

[210] Mr. Thomson donne sur cette planche f. 6bis la figure des palpes du genre Euryope Dalm.

Brachycaulus. Fairm. 1843, 13.

ferrugineus. Fairm. (pl. I. n. II. f. 7—9.)	N. Hollande.	1843	14

Pachybrachys. Chevrol. 1848, 285.

azureus. Suffr.	Espagne.	50	293
cinctus. Suffr.	Sardaigne.	—	294
fimbriolatus. Suffr.	Europe mer.	—	296
fulvipes. Suffr.	Espagne.	—	297
hieroglyphicus. Fabr.	Europe	—	294
hippophaës. Suffr.	Autr. Hongr. Suisse.	—·	294
histrio. Oliv.	Europe.	—	295
limbatus. Ménétr.	Turquie.	—	296
lineolatus. Suffr.	Cadix.	—	294
maculatus. Suffr.	Ital. Corfou. Turquie.	—	295
pallidulus. Suffr.	Perpignan.	51	652
piceus. Suffr.	Russie mer.	50	293
scripticollis. Suffr.	Caucase.	—	294
scriptus. Herr. Schaeff.	Italie.	—	293
tauricus. Suffr.	Crimée. Turquie.	—	295
viridissimus. Suffr.	France mer.	—	293

Homalopus. Chevrol.

Loreyi. Dej. (pl. VI. n III.)	France.	44	208

Cryptocephalus. Geoffr. 1848, 285.

abietis. Knoch.	Europe m. Pomeran.	49	153
albolineatus. Suffr.	Tyrol.	48	291
anticus. Suffr.	Caucase.	50	277
aureolus Suffr.	Europe mer. et occ.	49	149
baeticus. Suffr.	Espagne mer.	48	288
2-guttatus. Suffr.	Crimée.	50	274
2-lineatus. L.	Europe.	—	281
2-maculatus. Fabr.	Europe mer.	48	291
2-punctatus. L.	Europe.	50	276
bistripunctatus. Germ.	Europe mer.	—	276
Boehmii. Germ.	Autriche Hongrie.	49	147
carinthiacus. Suffr.	Carinthie.	50	271
celtibericus. Suffr.	Espagne mer.	—	280
centrimaculatus. Suffr.	Espagne.	—	292
coloratus. Fabr.	Europe m. or. Sibérie.	49	145
concolor. Suffr.	Caucase.	—	148
convexus. Oliv.	Europe mer.	50	282
cordiger. L.	Europe.	48	292
coronatus. Kunze.	Russie mer.	—	290
coryli. L.	Europe.	49	144
creticus. Suffr.	Crète.	—	156
cribratus. Suffr.	Turquie. Asie min.	—	143
cristatus. Suffr.	Pyrenées.	50	292
curvilinea. Oliv.	Italie. Algér. Egypte.	48	286

marginellus. Oliv.	Europe mer.	1849	154
minutus. Fabr.	Europe.	50	285
modestus. Suffr.	Russie mer.	—	291
Moraei. L.	Europe.	49	157
mystacatus. Suffr.	Portugal.	50	289
nigritarsis. Suffr.	Russie mer.	49	146
nitens. L.	Europe.	—	153
nitidulus. Gyll.	Europe mer. or.	—	153
ochroleucus. Fairm.	Hyères.	59	63
pallifrons. Gyll.	Europe sept.	50	275
pexicollis. Suffr.	Europe mer. occ.	48	290
pini. L.	Europe centr. et sept.	49	152
populi. Suffr.	Europe mer.	50	286
pulchellus. Suffr.	Sicile. Pyrenées or.	—	285
punctiger. Gyll.	Europe sept.	—	273
pusillus. Fabr.	Europe.	—	286
pygmaeus. Fabr.	Europe mer.	—	284
4-guttatus. Germ.	Hongr. Dalm. Crimée.	49	155
4-punctatus. Oliv.	France mer.	—	144
4-pustulatus. Gyll	Europe sept.	—	155
4-signatus. Dej.	France mer.	—	157
querceti. Erichs.	Allemagne sept.	50	290
Ramburi. Dej.	Andalousie.	49	156
Rossii. Suffr.	Europe mer. occ.	50	279
rubi. Ménétr.	Caucase.	49	147
rugicollis. Oliv.	?	48	288
salicis. Fabr.	Europe mer.	50	275
scapularis. Suffr.	Sicile.	—	290
scutellaris. Truqui.	Italie.	52	65
sericeus. L.	Europe.	49	149
6-maculatus. Oliv.	France m. Suisse.	48	286
6-punctatus. L.	Europe.	—	294
6-pustulatus. Rossi.	Europe mer.	50	278
signaticollis. Suffr.	idem.	—	284
signatus. Oliv.	France mer.	49	157
stramineus. Suffr.	Russie mer.	—	152
strigosus. Germ.	Europe mer.	50	291
Suffriani. Dohrn.	Carinthie.	—	292
sulfureus. Oliv.	Portugal.	49	152
tesselatus. Germ.	Europe mer.	50	281
tetraspilus. Suffr.	Catalogne.	51	652
tristigma. Charp.	Espagne m. Portug.	48	287
undatus. Suffr.	Arménie.	—	291
variabilis. Schneid.	Europe.	—	294
variegatus. Fabr.	Europe mer.	—	293
villosulus. Suffr.	Autriche. Hongr.	49	151

10*

violaceus. Fabr.	Europe.	1849	147
virens. Suffr.	Russie mer.	—	148
virgatus. Géné.	Europe mer.	48	289
vittatus. Fabr.	Europe centr.	50	280
vittula. Suffr.	Europe mer.	—	283
Wasastjernii. Gyll.	Europe sept.	—	289
ypsilon. Parr.	Crimée.	49	146
Stylosomus. Suffr. 1848, 285.			
ericeti. Suffr.	Catalogne.	51	653
ilicicola. Suffr.	Marseille.	50	297
minutissimus. Germ.	Europe mer.	—	297
tamaricis. Herr. Schaeff.	Bords d. l. Mediterr.	—	297
Plagiopisthen. Thoms. 1856, 321.			
paradoxus. Thoms. (pl. VII. f. 5.)	Mozambique.	56	322
Pantheropterus. Thoms. 1856, 323.			
Pfeifferi. Thoms. (pl. VII. f. 4.)	Borneo.	56	323
Triplax. Fabr.			
nigripennis. Fabr.	Europe.	42	194
Languria. Latr.			
lineata. de Cast.	Colombie.	32	412

LXV. Coccinellides.

Chilocorus. Leach.			
uva. Schoenh. (pl. XIV. n. VI. f. 3.) [211]	Martinique.	49	454
Notiophygus. Gory. 1834, 454.			
cinereus. Gory. (pl. X. f. 3.)	C. d. bonn. Esper.	34	455
dentipennis. Gory. (pl. X. f. 2.)	idem.	—	455
maculicornis. Gory. (pl. X. f. 4.)	idem.	—	456
nigropunctatus. Gory. (pl. X. f. 1.)	idem.	—	454
parvulus. Gory. (pl. X. f. 5.)	idem.	—	456
Trochoideus. Westw.			
Desjardinsii Guérin (pl VI. f. 2.)	Ile de Bourbon.	59	256

---

[211]) Cette espèce est seulement figurée.

TABLE ALPHABÉTIQUE

DES FAMILLES, GENRES ET SOUSGENRES,

CONTENUS DANS CET OUVRAGE.

CORRIGENDA.

p. 2. dernière ligne de l'annotation: au lieu de 1854 lisez 1857.

p 4. première ligne de l'annotation: au lieu de Lefevre lisez Lefebvre.

p. 5. dernière ligne de l'annotation: au lieu de figuré lisez figurée.

p. 15. ligne 12: au lieu de Dej. lisez Chaud.

p. 15.   -   26: au lieu de Harpallus lisez Harpalus.

p. 16.   -   25: au lieu de cruticollis lisez curticollis.

p. 27.   -   9 ajoutez apres l'indication de la planche: n. 54.

p. 30.   -   16 ajoutez: 1852, 695.

p. 35. première ligne de l'annotation: au lieu de Motschulsky lisez Motschoulsky.

p. 53. avant-dernière ligne: au lieu de pl. VIII lisez pl. XVIII.

p. 54. le numéro de cette page est à corriger.

p. 54. ligne 16 au lieu de pl. VIII lisez pl. XVIII.

p. 54.   -   23 au lieu de pl. VIII lisez pl. XVII.

p. 61. 5ième ligne de l'annotation: au lieu de Motschulsky lisez Motschoulsky.

p. 63. ligne 6 au lieu de 1853 lisez 1852.

p. 70.   -   11 au lieu de 3 lisez 372.

p. 74.   -   25 au lieu de: v. n. 135 lisez v. n. 134.

p. 75.   -   21 au lieu de tabulus lisez tubulus.

p. 89.   -   22 au lieu de Redh. lisez Redt.

p. 95.   -   32 au lieu de reticula lisez reticulata.

p. 119 ligne 7, 8, 10, 12, 36, 37, 38 et

p. 121.   -   16 et 17 au lieu de Jeckel lisez Jekel.

p. 120.   -   38 au lieu de Styplus lisez Styphlus.

p. 122.   -   25 au lieu de Vallée d'Ossan lisez Vallée d'Ossau.

p. 131.   -   16, 17, 22 au lieu de Gory et de Cast. lisez de Cast. et Gory.

p. 136 première ligne de l'annotation: au lieu de LCXXXV lisez CLXXXV.

p. 143. ligne 30 au lieu de mentbrastri lisez menthastri.

HALLE s/S. — IMPRIMERIE H. W. SCHMIDT.